全教科書対応

文章題・図形3年

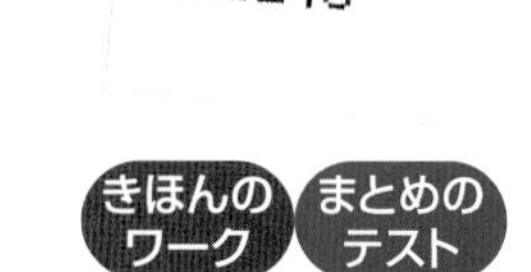

① かけ算のきまりを使う問題

きほんのワーク

答え 1ページ

やってみよう

☆4 のだんの九九で，かける数が | ふえると，答えはいくつ大きくなりますか。

とき方 たとえば，4×5 から 4×6 にふえる場合を，下の図で考えましょう。

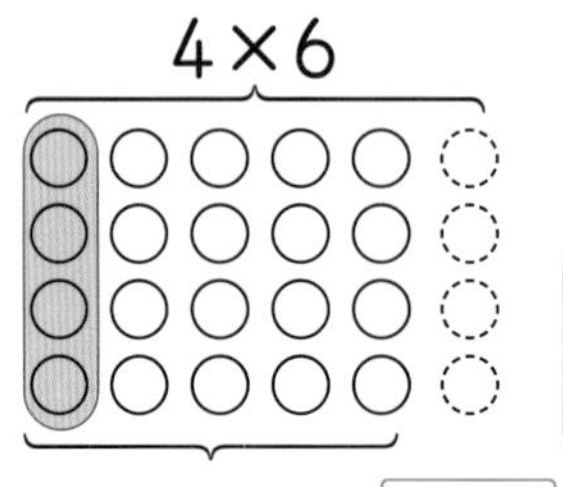

4×6=4×5+□
(| ふえる)
(4 大きい)

4 のだんでは，4 この◯がならんだ列が | ふえるから，4 大きくなるんだね。

答え □ 大きくなる。

たいせつ
かける数が | ふえると，答えは**かけられる数だけ**大きくなります。

1 4 のだんの九九で，かける数が | へると，答えはいくつ小さくなりますか。たとえば，4×7 から 4×6 にへる場合を，下の図で考えましょう。

4×6
4×7

かける数が | へると，答えは**かけられる数だけ**小さくなるのね。

(　　　)

2 4 のだんの九九で，かける数が 2 ふえると，答えはいくつ大きくなりますか。下の図で考えましょう。

(　　　)

3 3 のだんの九九で，かける数が 2 へると，答えはいくつ小さくなりますか。下の図で考えましょう。

(　　　)

ポイント かけ算では，かける数が | ふえると，答えはかけられる数だけ大きくなります。かける数が | へると，答えはかけられる数だけ小さくなります。

② 0のかけ算の問題
きほんのワーク

答え 1ページ

やってみよう

☆おはじき入れをしました。右のように，3点のところには，1こも入りませんでした。3点のところのとく点は何点ですか。

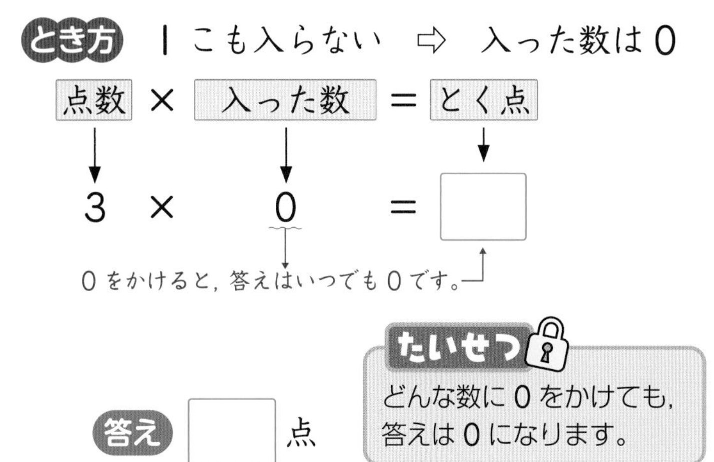

答え　　点

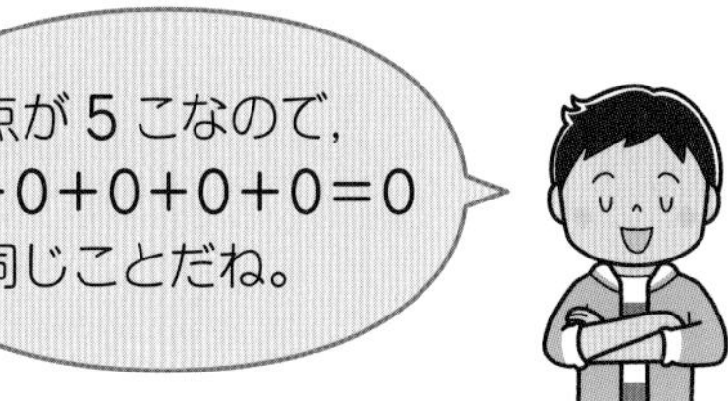

1 おはじき入れで，0点のところに5このおはじきが入りました。0点のところのとく点は何点ですか。

0点が5こなので，
0+0+0+0+0=0
と同じことだね。

式

答え（　　　　）

2 点取(と)りゲームをしました。まなみさんは，5点のところには，1こも入りませんでした。5点のところのとく点は何点ですか。

式

答え（　　　　）

3 点取りゲームをしました。けんたさんは，0点のところに2こ入り，3点のところには1こも入りませんでした。0点と3点のところのとく点をあわせると何点になりますか。

式

答え（　　　　）

ポイント かけられる数やかける数が0のかけ算は，いつでも答えが0になります。

③ 何十，何百のかけ算の問題

きほんのワーク

やってみよう

☆ 1まい20円の画用紙を4まい買います。代金はいくらですか。

とき方 代金をもとめる式は，20×4です。

10	10	10	10
10	10	10	10

1まいのねだん × 買う数 ＝ 代金
で考えればいいね。

20は，[　　]の2こ分の数だから，

20×4は，10が2×4＝8で，8こあるから，

20×4＝[　　]

 [　　]円

1 1こ10円のガムを7こ買います。代金はいくらですか。

式

答え（　　　　）

2 1本30円のえん筆を4本買います。代金はいくらですか。

答え（　　　　）

3 1本100円のバラの花を6本買います。代金はいくらですか。

式

100円玉は何こひつようかな。

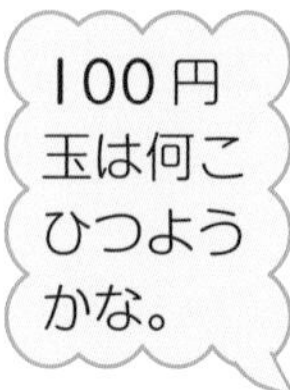

答え（　　　　）

4 1さつ500円の本を8さつ買います。代金はいくらですか。

答え（　　　　）

ポイント 何十や何百のかけ算は，10や100の何こ分の数になるかを考えます。

まとめのテスト

答え 1ページ

時間 20分

とく点　/100点

1 8円のあめを7こ買うのと，6こ買うのでは，代金はいくらちがいますか。

式　1つ9〔18点〕

答え（　　）

チャレンジ! **2** 1題5点の問題が20題あります。けんいちさんは7題，まゆみさんは6題まちがえました。とく点は何点ちがいますか。　1つ9〔18点〕

式

答え（　　）

3 よく出る たかしさんとみきさんは，点取りゲームをしました。　1つ7〔28点〕

❶ たかしさんは，3点に2こ，2点に0こ，1点に3こ，0点に5こ入りました。とく点は何点ですか。

式

答え（　　）

❷ みきさんは，3点に3こ，2点に3こ，1点に0こ，0点に4こ入りました。とく点は何点ですか。

式

答え（　　）

4 よく出る 10このケーキが入った箱が9箱あります。ケーキは全部で何こありますか。　1つ9〔18点〕

式

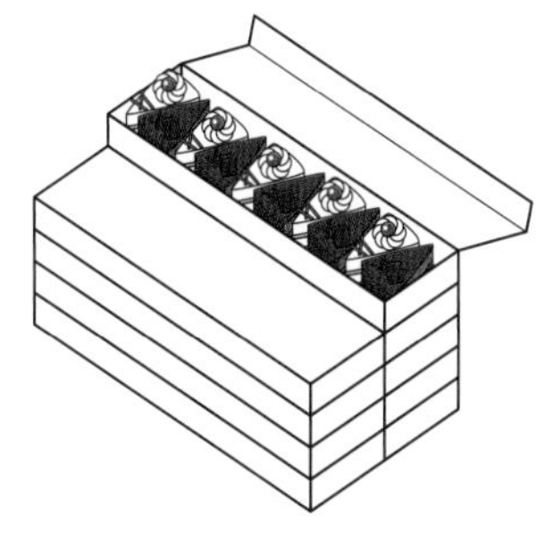

答え（　　）

5 1まい600円の皿を8まい買います。代金はいくらですか。　1つ9〔18点〕

式

答え（　　）

□ かけ算のきまりを使う問題がとけたかな？
□ 0のかけ算や，何十・何百のかけ算を使う問題がとけたかな？

① 時こくや時間の問題

きほんのワーク

答え 2ページ

やってみよう

☆つよしさんは，午前８時45分に家を出て，25分歩いて駅（えき）に着（つ）きました。着いた時こくは午前何時何分ですか。

とき方 右の図より，８時45分から25分後の時こくは，午前□時□分です。

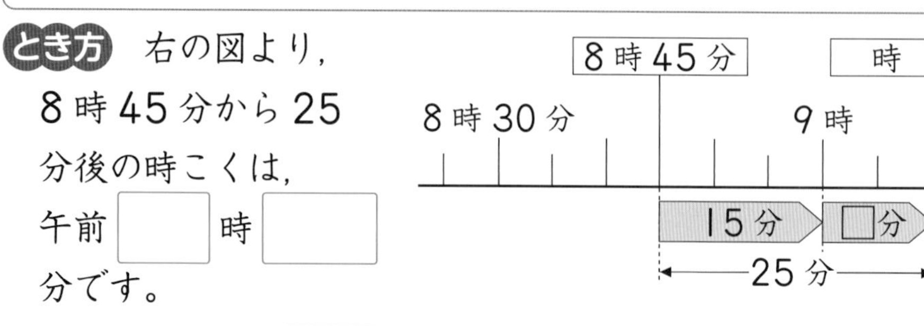

答え 午前□時□分

たいせつ
８時20分や３時などを**時こく**といいます。時こくと時こくの間の長さを**時間**といいます。

1 のりえさんは，45分宿題（しゅくだい）をして，午後２時20分に終（お）わりにしました。宿題を始（はじ）めた時こくは午後何時何分ですか。

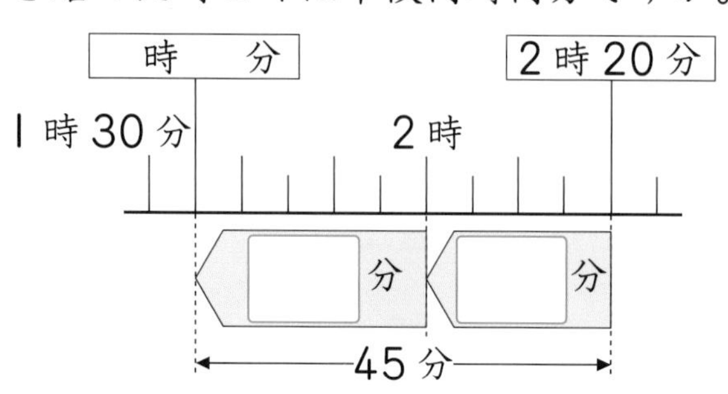

（　　　　　）

2 けんじさんは，午後３時25分から午後４時20分までプールにいました。プールにいた時間は何分ですか。

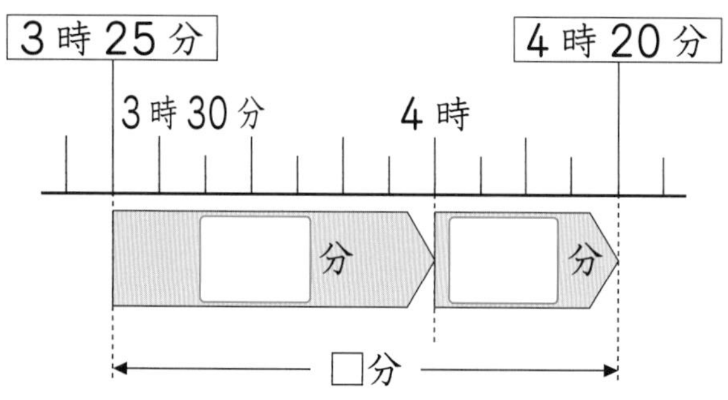

（　　　　　）

3 まなさんは，きのうは40分，今日は35分，物語（ものがたり）の本を読みました。あわせて何時間何分読みましたか。

（　　　　　）

ポイント 「時こく」と「時間」のちがいを，しっかりおぼえましょう。

② 短い時間の問題
きほんのワーク

答え 2ページ

やってみよう

☆校庭(てい)のトラックを１しゅう走るのに，まことさんは１分，まさしさんは50秒(びょう)かかりました。かかった時間は何秒ちがいますか。

とき方　１分は60秒なので，かかった時間のちがいは□秒です。

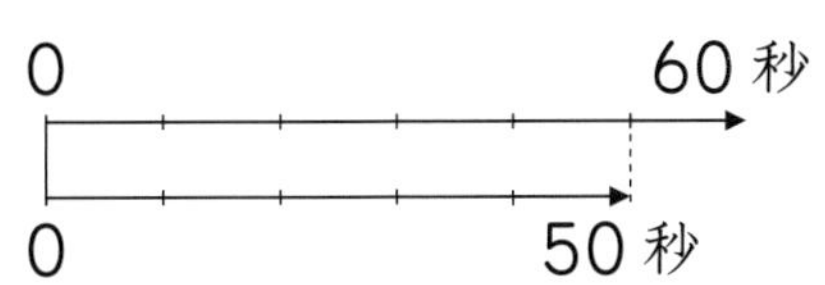

答え □秒

たいせつ
１分より短(みじか)い時間のたんいに「秒」があります。
１分＝60秒

1 みさとさんは25mを泳ぐのに40秒かかりました。あいさんはみさとさんよりも15秒多くかかりました。あいさんが泳ぐのにかかった時間は何秒ですか。

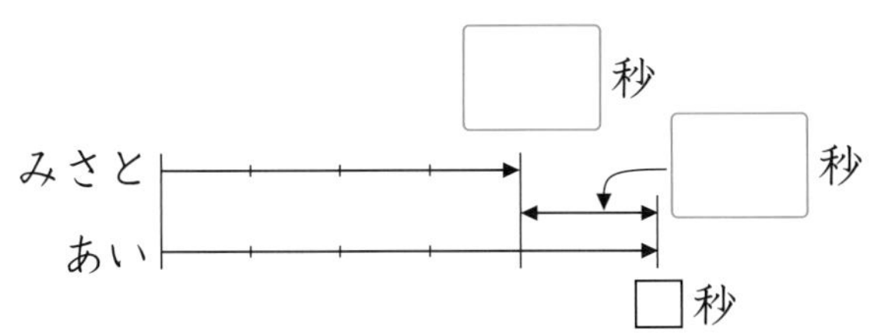

（　　　）

2 ゆうかさんは，パズルの問題(もん)を120秒でとくことができました。これは何分ですか。

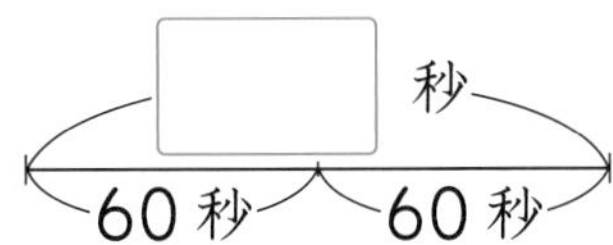

（　　　）

3 ひろしさんは校庭を１しゅう走るのに１分46秒かかりました。これは何秒ですか。

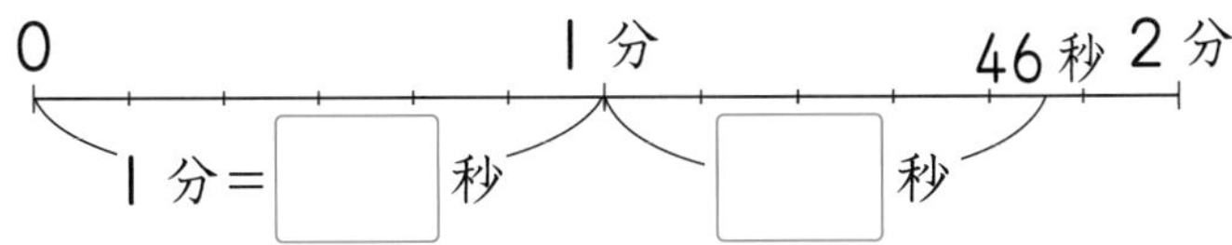

（　　　）

ポイント　「１分＝60秒」をしっかりおぼえておきましょう。

勉強した日　月　日

まとめのテスト①

時間 20分

とく点　/100点

答え 2ページ

1 よく出る かおりさんは午前10時40分から，ピアノの練習(れんしゅう)を35分しました。練習が終(お)わったのは午前何時何分ですか。〔20点〕

(　　　　)

2 あきらさんは午後3時15分に公園を出ました。公園で遊(あそ)んでいた時間は50分です。公園で遊び始(はじ)めたのは，午後何時何分ですか。〔20点〕

(　　　　)

3 ゆかさんは午後1時15分に家から買い物(もの)に出かけ，家へ帰ってきたのは午後2時50分でした。何時間何分出かけていましたか。〔20点〕

(　　　　)

4 よく出る 算数を45分，国語を25分勉(べん)強しました。あわせて何時間何分勉強しましたか。〔20点〕

(　　　　)

5 よく出る ゆうたさんは300mを走るのに72秒(びょう)かかりました。これは何分何秒ですか。〔20点〕

(　　　　)

チェック✓
□時こくと時間のちがいはわかったかな？
□1分＝60秒をおぼえたかな？

勉強した日　　月　　日

まとめのテスト②

時間 20分

とく点　　/100点

答え 2ページ

1 さとしさんは，山登りをしました。午前 10 時 10 分に登り始め，3 時間歩いてちょう上に着きました。ちょう上に着いた時こくは午後何時何分ですか。〔20点〕

（　　　　　　　）

2 しげるさんの家からおじさんの家まで 1 時間 10 分かかります。午後 3 時までにおじさんの家に着くためには，おそくとも午後何時何分までに家を出ればよいですか。〔20点〕

（　　　　　　　）

3 ひろみさんは，午前 11 時に家を出て，午後 2 時 30 分に家に帰ってきました。家にいなかった時間は何時間何分ですか。〔20点〕

（　　　　　　　）

4 さちさんは，おばさんの家に行くのに，まずバスに 40 分乗り，その後電車に 1 時間 30 分乗りました。乗り物に乗った時間は，あわせて何時間何分ですか。〔20点〕

（　　　　　　　）

5 池のまわりを 1 しゅうするのになつみさんは 140 秒，たくやさんは 2 分 35 秒かかりました。かかった時間のちがいは何秒ですか。〔20点〕

（　　　　　　　）

チェック
□時こくをもとめることができたかな？
□時間をもとめることができたかな？

① 全部の数をもとめる問題
きほんのワーク

答え 2ページ

☆238 円のノートと，114 円の消しゴムを買います。代金はいくらですか。

とき方　あわせていくらになるかをもとめるので，たし算で計算します。

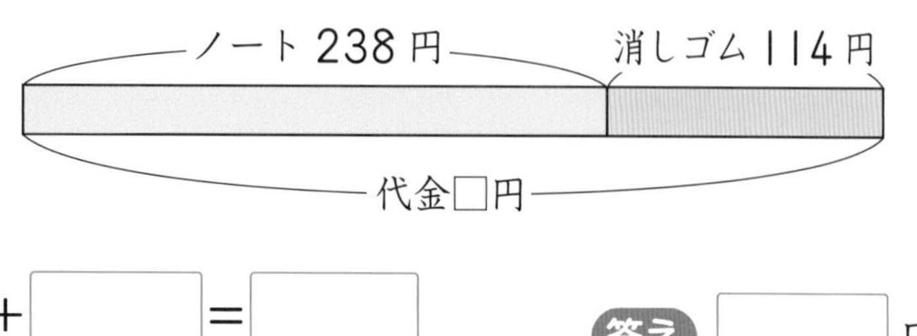

238＋□＝□　　答え □円

たいせつ
「あわせた数」や「全部の数」は，たし算でもとめます。

1 赤い色紙が 557 まい，青い色紙が 760 まいあります。全部で何まいありますか。

式

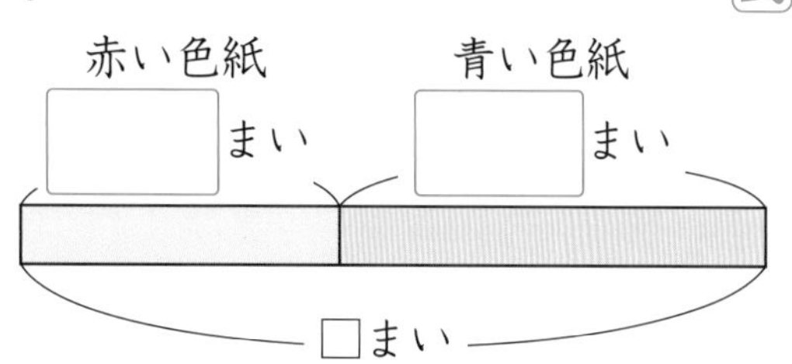

たし算では，くり上がりに気をつけよう。

答え（　　　　）

2 小さい箱が 1826 箱，大きい箱が 643 箱あります。あわせて何箱ありますか。

式

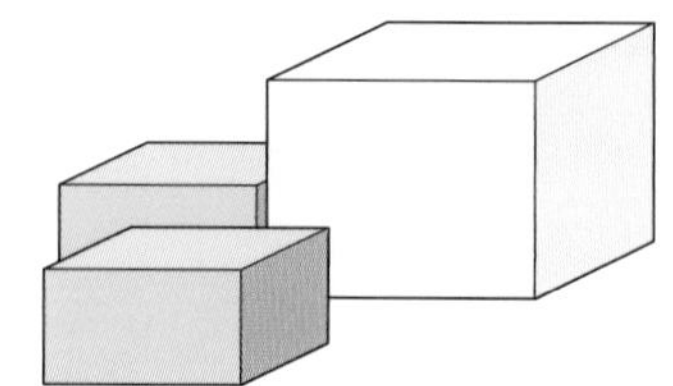

答え（　　　　）

3 去年 4208 人の会員がいた会に，今年になって新しく 1397 人が入りました。この会の会員は，全部で何人になりましたか。

式

答え（　　　　）

ポイント　大きい数のたし算の筆算は，位をそろえて，一の位からじゅんに計算します。

② 多いほうの数をもとめる問題

きほんのワーク

答え 3ページ

やってみよう

☆みかんが372こあります。りんごはみかんより156こ多いです。りんごは何こありますか。

とき方　多いのは ☐ だから, ☐ の数は,
みかんの数に, 156こをたしてもとめます。

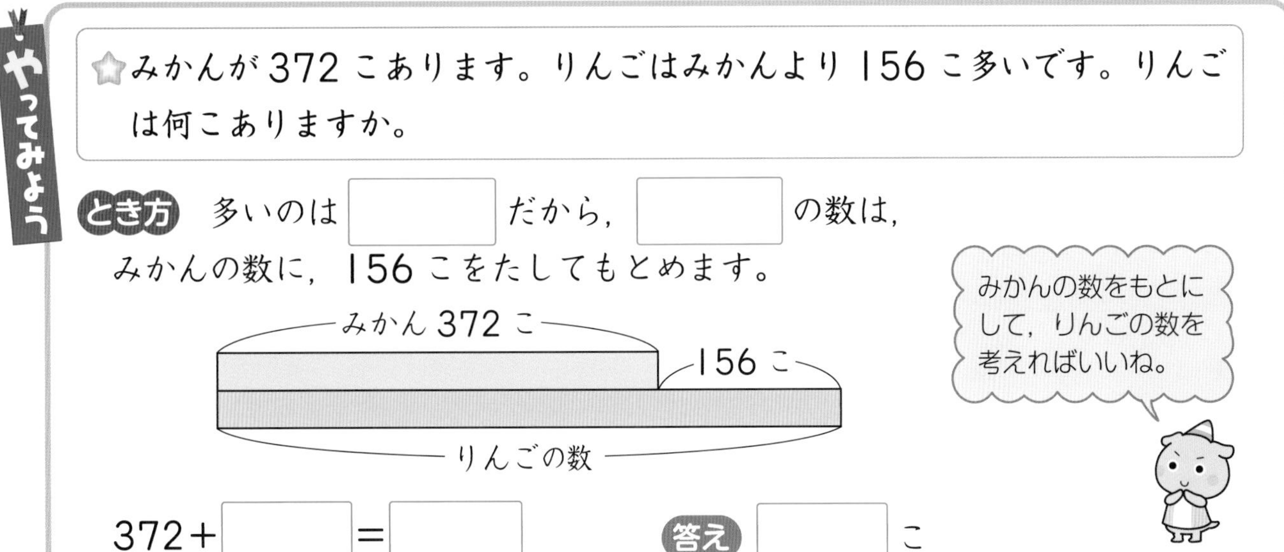

372＋☐＝☐　答え ☐こ

1 図書室には, 絵本が423さつあります。物語(ものがたり)の本は絵本より887さつ多いです。物語の本は何さつありますか。　式

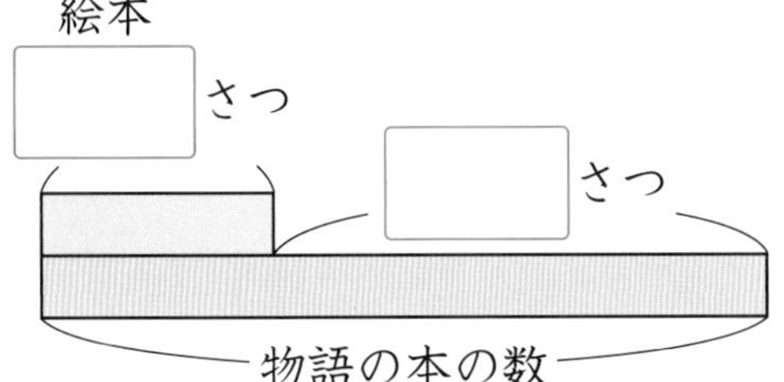

答え（　　　）

2 あるゲームで, ゆうきさんのとく点は2715点でした。同じゲームで, つとむさんのとく点は, ゆうきさんより602点多くなりました。つとむさんのとく点は何点ですか。

ゆうきさんのとく点をもとにして, つとむさんのとく点を考えよう。

式

答え（　　　）

3 ある学校では, おととし使(つか)ったコピー用紙のまい数は7595まいでした。去年使ったコピー用紙のまい数は, おととしよりも1486まい多いそうです。去年は何まい使いましたか。

式

答え（　　　）

ポイント　多いのはどちらの数なのかを, よく考えましょう。

③ はじめの数をもとめる問題

きほんのワーク

答え 3ページ

やってみよう

☆色紙を175まい使(つか)ったので，色紙ののこりは264まいになりました。色紙は，はじめに何まいありましたか。

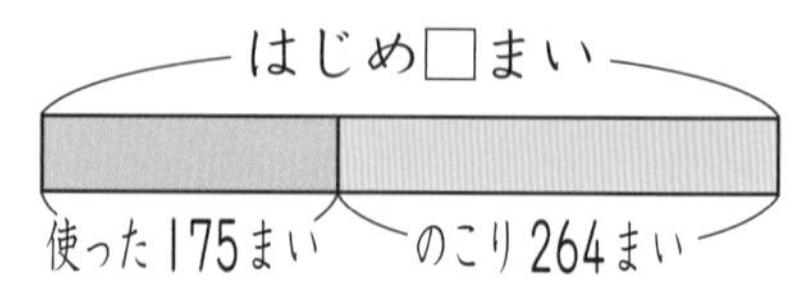

とき方 はじめの数は，使った数とのこりの数をたしてもとめます。

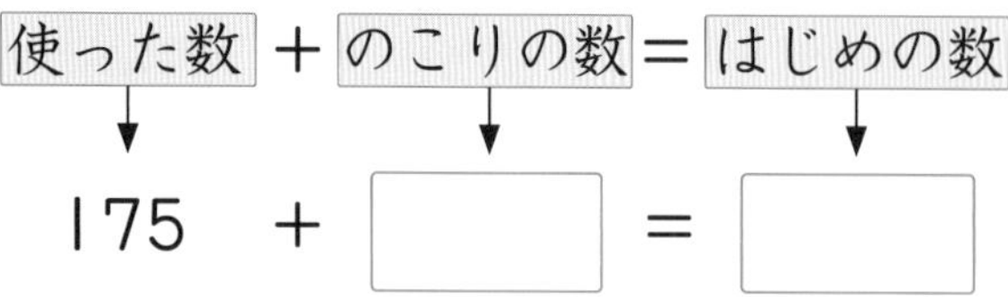

175 ＋ □ ＝ □

答え □ まい

1 花のたねを498こ植(う)えましたが，まだ573このたねがのこっています。たねは，はじめに何こありましたか。

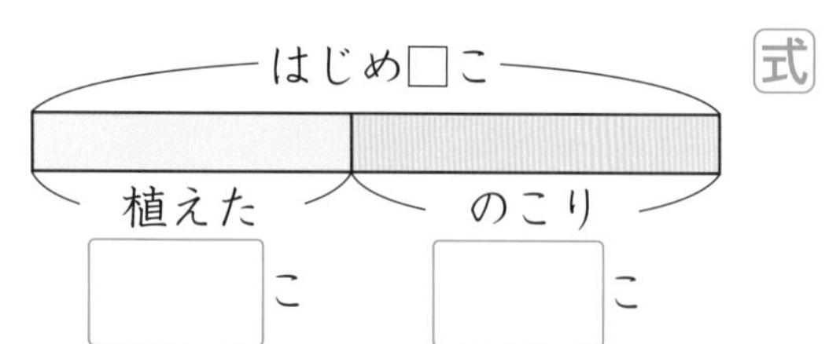

□こ　□こ

式

答え（　　　）

2 シールを692まい使ったので，シールののこりは3345まいになりました。シールは，はじめに何まいありましたか。

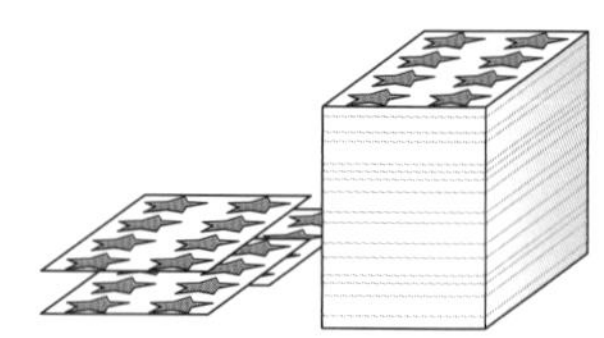

式

答え（　　　）

3 買い物(もの)に行って，4502円使いましたが，まだ，1398円のお金がのこっています。はじめにいくら持(も)っていましたか。

式

答え（　　　）

ポイント 図に表(あらわ)して考えると，わかりやすくなります。

④ ぎゃくを考える問題

きほんのワーク

答え　3ページ

やってみよう

☆赤い花が 296 本あります。赤い花は，白い花より 113 本少ないそうです。白い花は何本ありますか。

とき方　「赤い花は白い花より 113 本少ない」をぎゃくに，「白い花は赤い花より 113 本多い」と考えます。白い花が赤い花より多いとわかるので，たし算でもとめます。

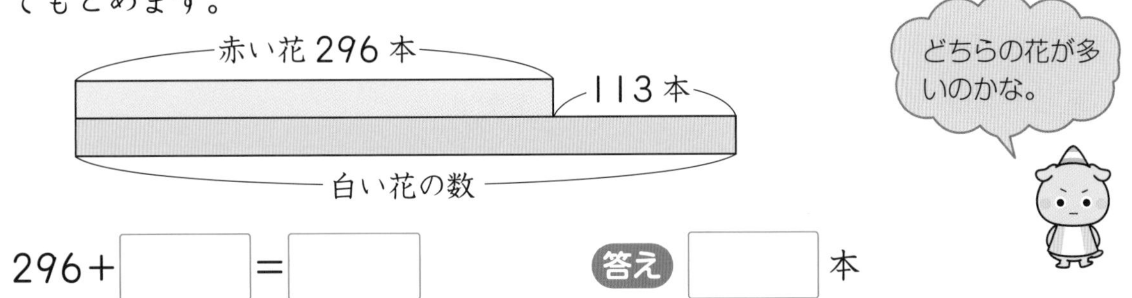

296＋□＝□　答え □ 本

1 お茶とジュースがあります。お茶のかさは，ジュースより 384mL 少ない 616mL です。ジュースのかさは何 mL ですか。

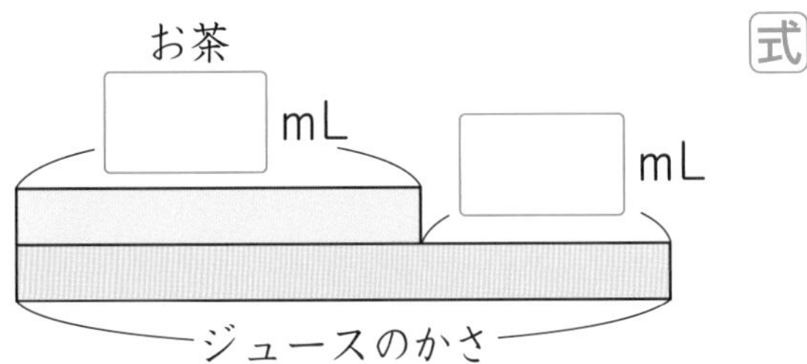

式

答え（　　　　）

2 運動会で，赤組のとく点は 1059 点でしたが，白組に 212 点のちがいで負けました。白組のとく点は何点でしたか。

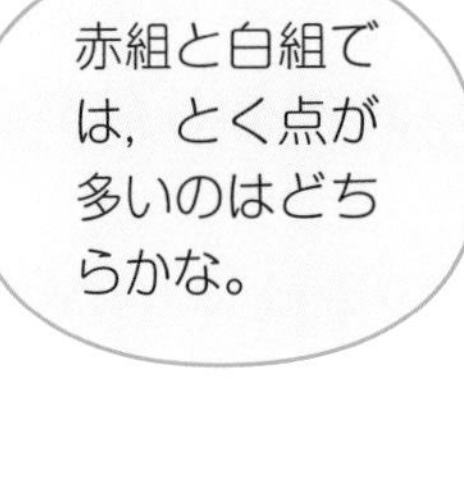

式

答え（　　　　）

3 時計とくつを買います。時計のねだんはくつより 2945 円安い 1290 円です。くつのねだんはいくらですか。

式

答え（　　　　）

ポイント　問題文をよく読んで，どちらが多いのか，何をもとめればよいのか，を考えます。

勉強した日　月　日

まとめのテスト①

答え 3ページ

1 よく出る 計算問題を，先週は 234 題，今週は 189 題ときました。あわせて何題ときましたか。　1つ10〔20点〕

式

答え（　　　）

2 よく出る 工作用紙が 876 まいあります。原こう用紙は工作用紙より 552 まい多くあります。原こう用紙は何まいありますか。　1つ10〔20点〕

式

答え（　　　）

3 きのう，動物園に来た大人は 609 人で，子どもは大人より 497 人多かったそうです。子どもは何人来ましたか。　1つ10〔20点〕

式

答え（　　　）

4 つるをおるのに，1493 まいのおり紙を使いました。のこったまい数は 356 まいでした。おり紙は，はじめに何まいありましたか。　1つ10〔20点〕

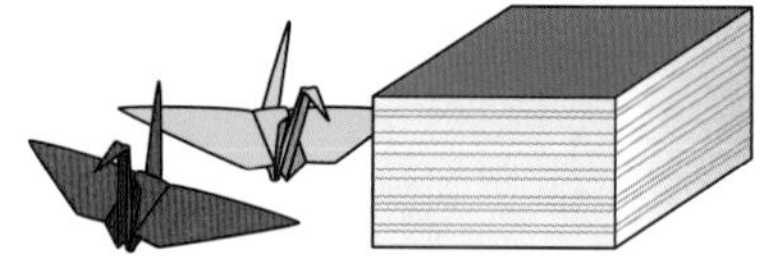

式

答え（　　　）

5 まいさんが持っているお金は 3675 円で，お姉さんよりも 1048 円少ないそうです。お姉さんはいくら持っていますか。　1つ10〔20点〕

式

答え（　　　）

□あわせた数をもとめることができたかな？
□どちらが大きい数かわかったかな？

まとめのテスト②

答え 3ページ

時間 20分

とく点　/100点

1 よく出る けんたさんのゲームのとく点は，1回目は293点，2回目は457点でした。とく点の合計は何点ですか。　1つ10〔20点〕

式

答え（　　　）

2 よく出る 1ふくろ720円のおはじきがあります。ビー玉1ふくろは，おはじき1ふくろより593円高いそうです。ビー玉1ふくろのねだんはいくらですか。

1つ10〔20点〕

式

答え（　　　）

3 図書室の本は，今，386さつかし出しているので，のこっているのは997さつです。図書室にはじめにあった本は何さつですか。　1つ10〔20点〕

式

答え（　　　）

4 今日，遊園地に来た人は5718人で，きのうより824人少ないそうです。きのう，遊園地に来た人は何人ですか。

式　1つ10〔20点〕

答え（　　　）

5 クイズに答えたはがきが集まりました。正しい答えが書いてあるはがきは7296まいで，まちがえた答えが書いてあるはがきより1805まい少ないそうです。まちがえた答えが書いてあるはがきは何まいですか。　1つ10〔20点〕

式

答え（　　　）

□はじめの数をもとめることができたかな？
□「ぎゃく」を考えることができたかな？

勉強した日　月　日

① のこりをもとめる問題

きほんのワーク

答え 3ページ

やってみよう

☆354 題の計算問題のうち，127 題ときました。計算問題はあと何題のこっていますか。

とき方　のこりの数は，はじめの数からといた数をひいてもとめます。

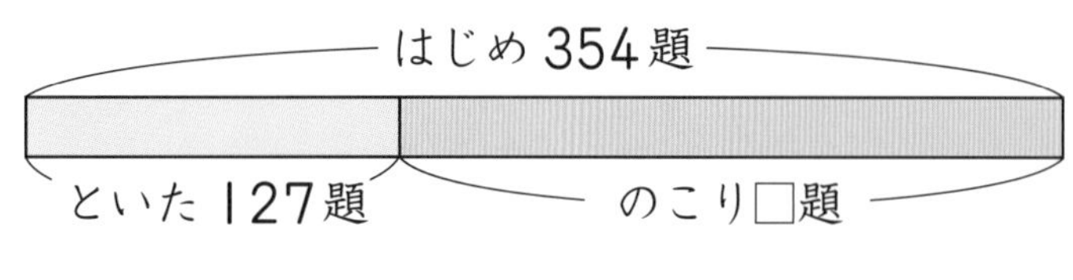

計算は筆算ですするといいね。位をそろえて，一の位からじゅんに計算するね。

はじめの数 − といた数 ＝ のこりの数

354 − □ ＝ □

答え □ 題

1 256 ページある本のうち，189 ページを読みました。あと何ページのこっていますか。

式

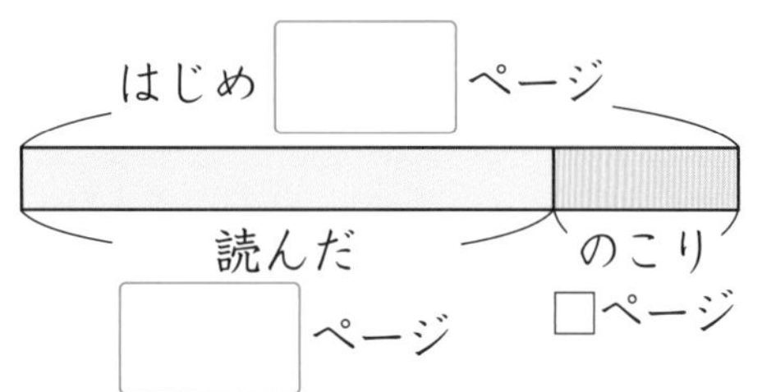

答え（　　　　）

2 1520 円持って買い物に行き，674 円使いました。お金はいくらのこっていますか。

式

数が大きくなっても，ひき算の筆算のしかたは同じだよ。

答え（　　　　）

3 野球場に 4305 人のかん客が入りました。とちゅうで 1783 人帰りました。かん客は何人のこっていますか。

式

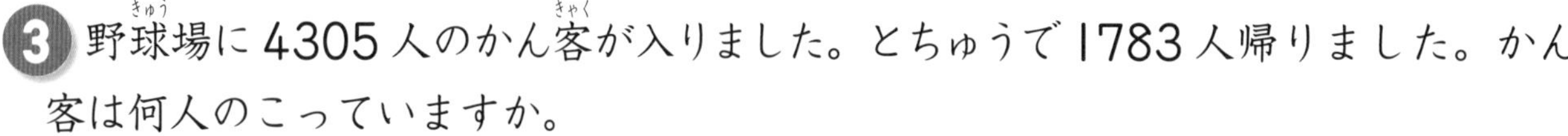

答え（　　　　）

大きい数のひき算の筆算でも，位をそろえて，一の位からじゅんに計算します。くり下がりに気をつけます。

② ちがいをもとめる問題

きほんのワーク

答え 3ページ

やってみよう

☆赤い風船が 419 こ，青い風船が 273 こあります。ちがいは何こですか。

とき方　ちがいをもとめるときは，ひき算で計算します。

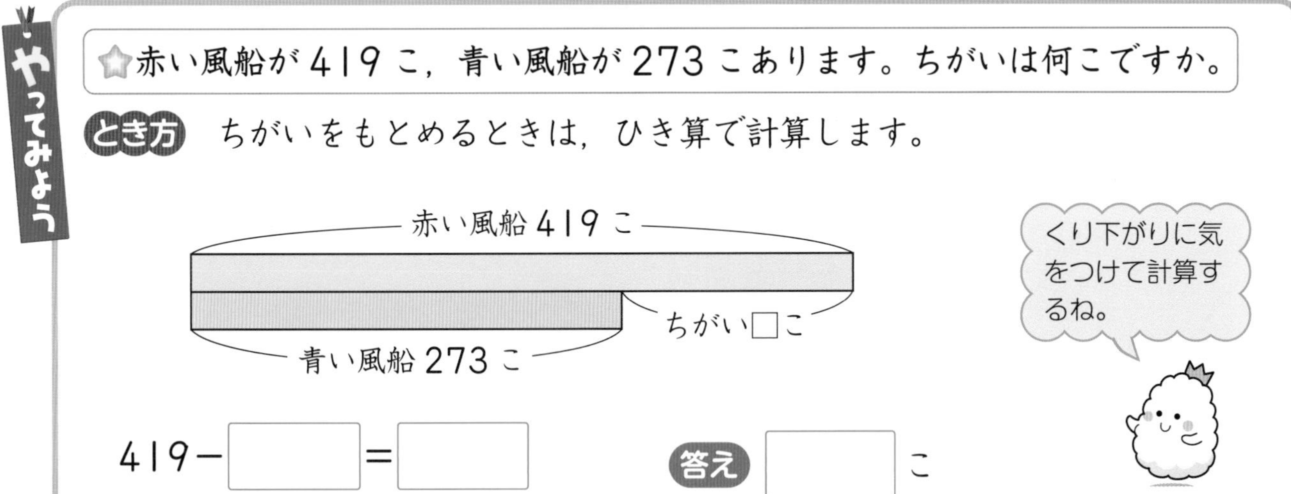

419－□＝□　　答え □ こ

1 345 円のショートケーキと 168 円のシュークリームがあります。ねだんのちがいはいくらですか。

式

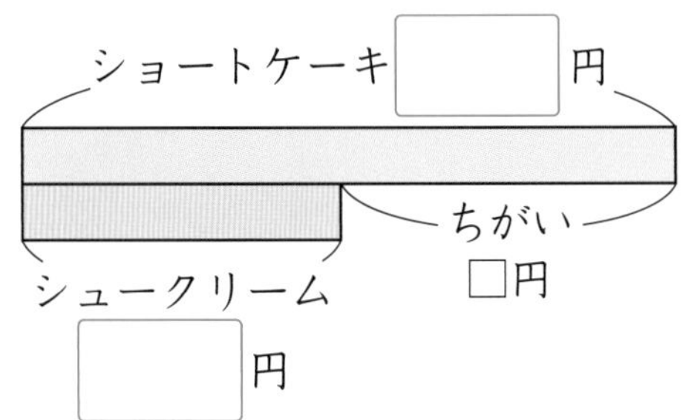

答え（　　　　）

2 ある市の小学生の数は 1862 人で，中学生の数は 967 人です。ちがいは何人ですか。

答え（　　　　）

3 画用紙が 3625 まい，コピー用紙が 7400 まいあります。ちがいは何まいですか。

式

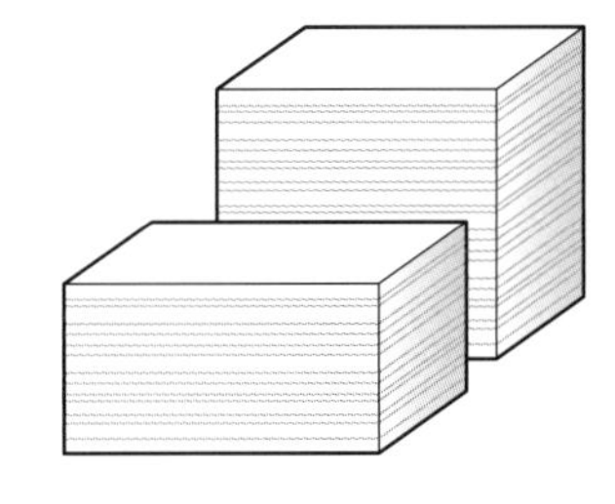

答え（　　　　）

ポイント　ちがいをもとめるときは，ひき算で計算します。

③ 少ないほうの数をもとめる問題
きほんのワーク

答え 4ページ

やってみよう

☆なわとびで，てつやさんは243回とびました。弟がとんだ回数は，てつやさんより115回少なかったそうです。弟は何回とびましたか。

とき方 少ないほうの数をもとめるので，ひき算になります。

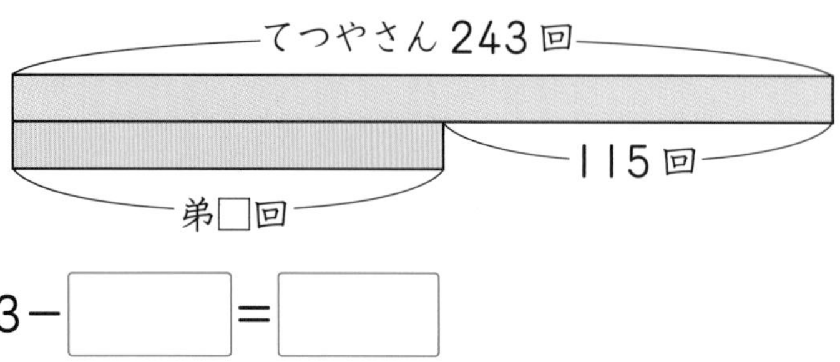

243−□＝□　　答え □回

1 ある図書館(かん)では，きのう907さつの本をかし出しました。今日かし出したさっ数は，きのうより358さつ少ないそうです。今日は，何さつかし出しましたか。

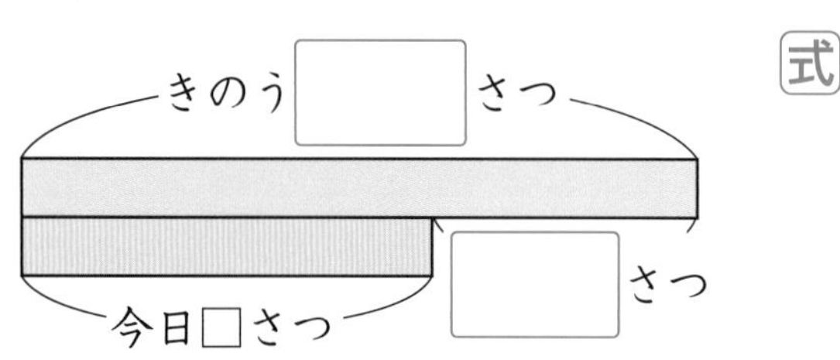

式

答え（　　　）

2 大きな箱(はこ)には，1472このクリップが入っています。小さな箱に入っているクリップの数は，大きな箱に入っているクリップの数より813こ少ないそうです。小さな箱には何こ入っていますか。

式

答え（　　　）

3 お母さんが買ったエプロンは3150円で，お姉さんが買ったエプロンよりも1282円高かったそうです。お姉さんが買ったエプロンのねだんはいくらでしたか。

式

答え（　　　）

ポイント 少ないほうの数をもとめるときも，ひき算を使(つか)って計算します。

④ はじめの数をもとめる問題

きほんのワーク

答え 4ページ

やってみよう

☆校庭(てい)に子どもが何人かいました。あとから 122 人来たので，全部(ぜんぶ)で 314 人になりました。はじめに何人いましたか。

とき方 はじめにいた人数は，全部の人数からあとから来てふえた人数をひいてもとめます。

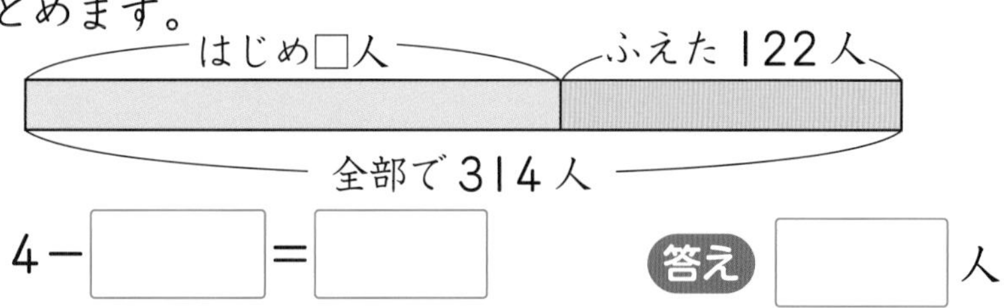

314－□＝□　**答え** □人

たいせつ
問題(もんだい)文を図に表(あらわ)して，何がわかっていて，何をもとめればよいのか考えましょう。

1 まゆみさんは，おはじきを何こか持(も)っていました。219 こもらったので，全部で 504 こになりました。はじめに何こ持っていましたか。

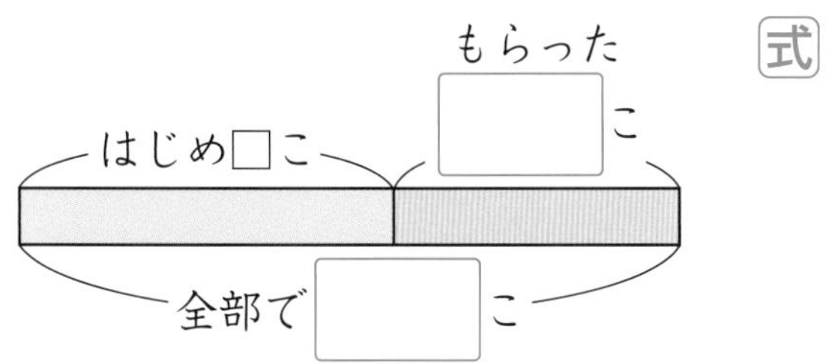

式

答え（　　　　）

2 ある工場では，部品(ひん)を作っています。先月何こか作り，今月 638 こ作ったら，あわせて 1527 こになりました。先月は何こ作りましたか。

式

答え（　　　　）

3 スポーツ大会に，今年さんかした人は，去(きょ)年よりも 1497 人ふえて 6082 人でした。去年さんかした人は何人でしたか。

式

答え（　　　　）

ポイント 図を使って，もとめるものをはっきりとさせて，式(しき)を考えます。

⑤ ふえた数をもとめる問題

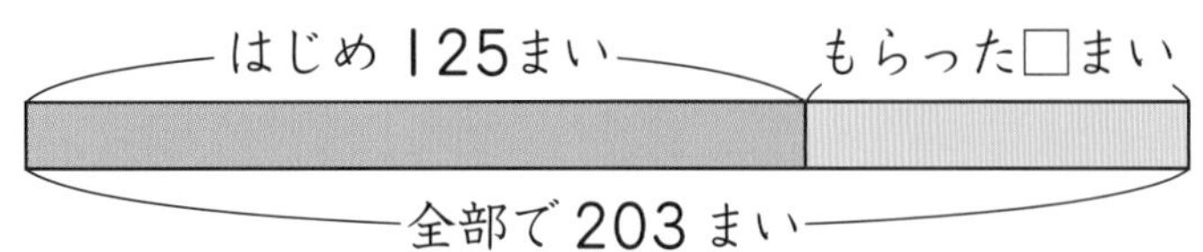

答え　4ページ

やってみよう

☆ゆうとさんは，カードを125まい持って（も）います。兄から何まいかもらったので，全部（ぜんぶ）で203まいになりました。兄からもらったカードは何まいですか。

とき方　ふえた数は，全部の数からはじめの数をひいてもとめます。

全部で203まい

203－□＝□　　答え □まい

1 図書室に798さつの本がありました。新しく何さつかふやしたので，全部で926さつになりました。ふやしたのは何さつですか。

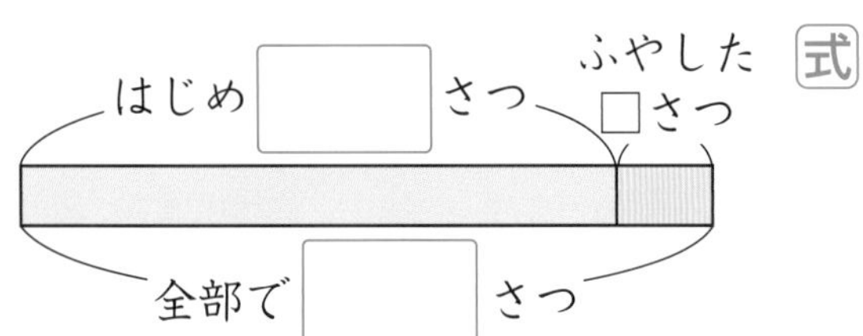

式

答え（　　　　）

2 水そうに水が1165mL入っていました。あとから何mLか水を入れたので，ちょうど4000mLになりました。あとから入れた水は何mLですか。

式

答え（　　　　）

3 たろうさんは，3245円持っていました。お父さんに何円かもらったので，あわせて5120円になりました。お父さんにいくらもらいましたか。

式

答え（　　　　）

ふえた数をもとめるときも，ひき算を使って（つか）計算します。

⑥ ぎゃくを考える問題
きほんのワーク

答え 4ページ

やってみよう

☆青い色紙が 346 まいあります。青い色紙は赤い色紙より 251 まい多いそうです。赤い色紙は何まいありますか。

とき方　赤い色紙は，青い色紙より少ないので，ひき算になります。

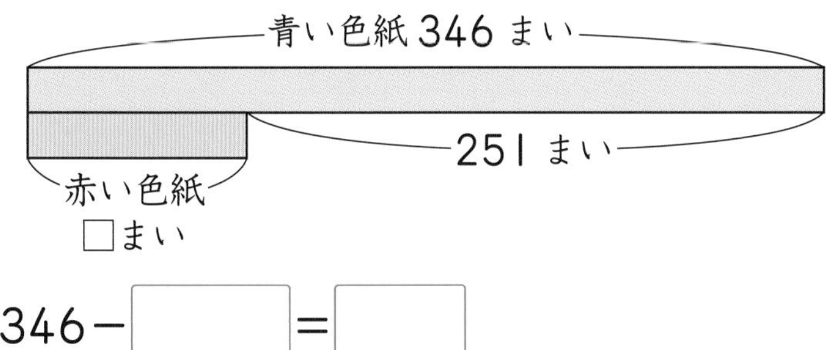

問題(もんだい)文をよく読んで，たし算になるのか，ひき算になるのかをよく考えましょう。

346－□＝□

答え □ まい

1 さとしさんはおはじきを 248 こ持っています。これはしんぺいさんのおはじきの数より 179 こ多いそうです。しんぺいさんは何こ持っていますか。

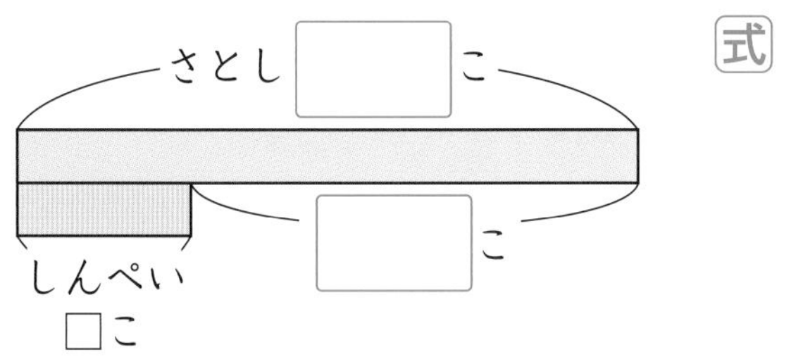

式

答え（　　　）

2 お兄さんが集(あつ)めたシールは 1240 まいで，弟が集めたシールより 429 まい多いそうです。弟が集めたシールは何まいですか。

式

答え（　　　）

3 ゆきえさんのちょ金箱(ばこ)には 8207 円入っていて，妹のちょ金箱に入っているお金よりも 5678 円多いそうです。妹のちょ金箱にはいくら入っていますか。

式

答え（　　　）

「多い」ということばは，すぐたし算をすればよいと考えがちですが，ひき算になるときもあります。問題文をよく読むことが大切です。

まとめのテスト❶

答え 4ページ

1 よく出る 工作に使(つか)うために，竹ひごを450本買いました。そのうち132本使いました。竹ひごは，何本のこっていますか。　1つ10〔20点〕

式

答え（　　　　　）

2 よく出る 1円玉が602まいあります。10円玉は，1円玉よりも298まい少ないそうです。10円玉は何まいありますか。　1つ10〔20点〕

式

答え（　　　　　）

3 船に何人か乗(の)っていました。次(つぎ)の港(みなと)で297人乗ってきたので，船に乗っている人は全部(ぜんぶ)で848人になりました。はじめに，何人乗っていましたか。　1つ10〔20点〕

式

答え（　　　　　）

4 ちゅう車場に，車が259台とまっていました。あとから何台か来て，全部で306台になりました。あとから何台来ましたか。　1つ10〔20点〕

式

答え（　　　　　）

5 ともこさんは，セーターとマフラーを買いました。セーターは5125円で，マフラーより2437円高かったそうです。マフラーのねだんはいくらですか。

式

1つ10〔20点〕

答え（　　　　　）

□のこりをもとめることができたかな？
□どちらが少ない数かわかったかな？

答え 4ページ

とく点

/100点

1 1000 まいのコピー用紙を，きのう 537 まい，今日 214 まい使いました。コピー用紙は，何まいのこっていますか。 1つ10〔20点〕

式

答え（　　　　　）

2 ぼく場に羊（ひつじ）が 369 頭，牛が 708 頭います。どちらが何頭多いですか。

式 1つ10〔20点〕

答え（　　　　　）

3 あきこさんの学校の子どもの数は全校で 1235 人です。きょうこさんの学校の子どもの数は，あきこさんの学校より全校で 476 人少ないそうです。きょうこさんの学校の子どもの数は全校で何人ですか。 1つ10〔20点〕

式

答え（　　　　　）

4 ある工場のそう庫（こ）に品物（しなもの）を 2485 こ入れたので，品物の数は全部で 8300 こになりました。はじめに品物は何こありましたか。 1つ10〔20点〕

式

答え（　　　　　）

5 ある地下鉄（てつ）の駅（えき）では，5月10日に，電車に乗った人は 3241 人で，おりた人より 1865 人多かったそうです。おりた人は何人ですか。 1つ10〔20点〕

式

答え（　　　　　）

□大きさのちがいをもとめることができたかな？
□はじめの数をもとめることができたかな？

勉強した日 月 日

① 1人分の数をもとめる問題

きほんのワーク

答え 4ページ

やってみよう

☆12 このあめを，4 人で同じ数ずつ分けると，1 人分は何こになりますか。

とき方

同じ数ずつ分けるときの 1 人分の数をもとめる計算は，わり算で，式(しき)は，12÷4 です。

12÷4 の答えは，□×4＝12

の□にあてはまる数で，□×4＝4×□だから，

4 のだんの九九で見つけます。

4×1＝□，4×2＝□，4×3＝□ より，

12÷4＝□ になります。

答え □ こ

1 18 本のえん筆(ぴつ)を，3 人で同じ数ずつ分けると，1 人分は何本になりますか。

式

答え（　　　　）

2 24 まいのシールを，6 人で同じ数ずつ分けると，1 人分は何まいになりますか。

式

答え（　　　　）

3 35 このいちごを，7 人で同じ数ずつ分けると，1 人分は何こになりますか。

式

答え（　　　　）

4 たまごを 12 こ買ってきたところ 3 こわれていました。われていないたまごを，3 人で同じ数ずつ分けると，1 人分は何こになりますか。

式

答え（　　　　）

ポイント　わり算の答えを見つけるために，九九を使(つか)います。九九をしっかり言えるようにしておきましょう。

② 何人に分けられるかをもとめる問題

きほんのワーク

答え 5ページ

やってみよう

☆15 このあめを，1 人に 3 こずつ分けると，何人に分けられますか。

とき方

1 人に同じ数ずつ分けるときの人数をもとめる計算も，わり算で，式は 15÷3 です。

15÷3 の答えは，　3×□＝15　の□にあてはまる数なので，3 のだんの九九で見つけます。

15÷3＝□ になります。　答え □ 人

1 30 このみかんを，1 人に 5 こずつ分けると，何人に分けられますか。

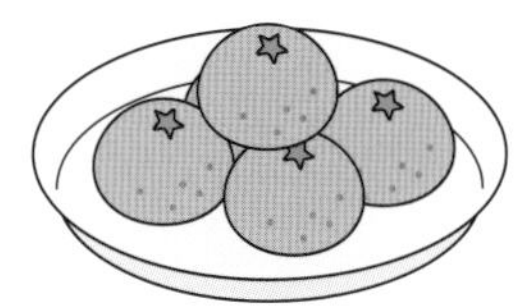

式

答え（　　　　）

2 42 このおはじきを，1 人に 6 こずつ分けると，何人に分けられますか。

式

答え（　　　　）

3 56 まいの色紙を，1 人に 7 まいずつ分けると，何人に分けられますか。

式

答え（　　　　）

4 30 このあめが入っているかんと，42 このあめが入っているかんがあります。2 つのかんのあめをあわせて，1 人に 9 こずつ分けると，何人に分けられますか。

式

答え（　　　　）

ポイント 〈わる数〉のだんの九九を思い出しましょう。

勉強した日　月　日

③ 0や1のわり算の問題

きほんのワーク

答え　5ページ

やってみよう

☆かんに入っているあめを，7人で同じ数ずつ分けようとしましたが，あめが1こも入っていませんでした。このとき，1人分は何こになりますか。

とき方　1人分の数をもとめる式は，0÷7 です。

0÷7 の答えは，□×7＝ 0 の□にあてはまる数（1人分の数／人数／全部の数）

なので，0÷7＝□ になります。　答え □ こ

たいせつ
0を0でないどんな数でわっても，答えはいつも0になります。

1 箱の中に入っているケーキを，6人で同じ数ずつ分けます。1人分は何こになりますか。

❶ 1こも入っていないとき

式

答え（　　　）

❷ 6こ入っているとき

式

答え（　　　）

2 7このボールを，1人に1こずつ分けると，何人に分けられますか。

式

答え（　　　）

3 8本のえん筆を，1人に1本ずつ分けると，何人に分けられますか。

式

答え（　　　）

ポイント　わられる数とわる数が同じ数のわり算の答えは，1になります。

勉強した日　　月　　日

④ 倍とわり算の問題

きほんのワーク

答え　5ページ

やってみよう

☆シールをちひろさんは25まい，弟は5まい持っています。ちひろさんのシールの数は，弟のシールの数の何倍ですか。

とき方　何倍かをもとめるときは，わり算で計算します。

25÷5＝□

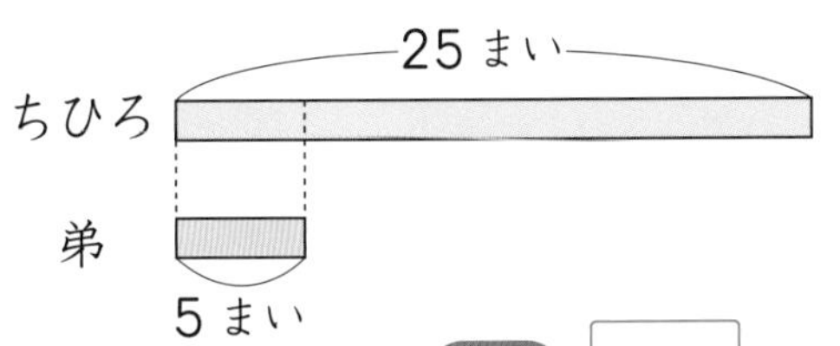

答え　□倍

1 あるゲームでのとく点は，さとしさんが14点，ひとみさんは7点でした。さとしさんのとく点は，ひとみさんのとく点の何倍ですか。

式

答え（　　　　）

2 なわとびで，みのるさんは27回，妹は9回とびました。みのるさんは，妹の何倍とびましたか。

式

答え（　　　　）

3 みきさんは8才，お母さんは32才です。お母さんの年れいは，みきさんの年れいの何倍ですか。

式

答え（　　　　）

4 キャラメルが42こ，ガムが7こあります。キャラメルの数は，ガムの数の何倍ですか。

式

答え（　　　　）

ポイント　考えにくいときは，図に表して考えてみましょう。

勉強した日 月 日

⑤ 答えが2けたになるわり算の問題

きほんのワーク

答え 5ページ

やってみよう

☆80 このあめを，4 人で同じ数ずつ分けると，1 人分は何こになりますか。

とき方 4 人で同じ数ずつ分けるので，わり算で計算します。80 は，10 のまとまりが 8 ことみることができるので，

8÷4=□ より，80÷4=□ になります。

↳10 のまとまりが 2 こ

たいせつ 10 をもとにして考えます。

答え □ こ

1 同じ消しゴム 3 この代金は 90 円です。消しゴム 1 このねだんはいくらですか。

式

答え（　　　）

2 シールが 60 まいあります。2 人で同じ数ずつ分けると，1 人分は何まいになりますか。

式

答え（　　　）

3 えん筆が 48 本あります。2 人で同じ数ずつ分けると，1 人分は何本になりますか。

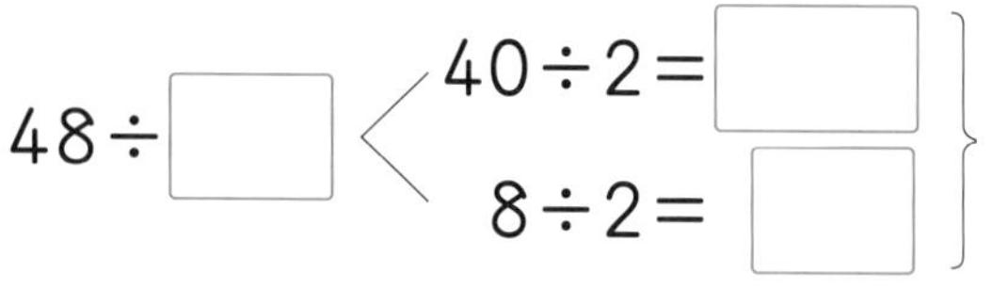

48÷□ ＜ 40÷2=□ / 8÷2=□ ＞ あわせて □

（　　　）

4 りんごが 69 こあります。3 こずつふくろに入れると，何ふくろできますか。

式

答え（　　　）

ポイント わられる数を，10 のまとまりで考えて計算したり，2 つの数に分けて計算したりします。

答え 5ページ

1 よく出る 63cm のテープを，同じ長さの 9 本のテープに分けます。テープ 1 本の長さは何cm になりますか。 1 つ10〔20点〕

式

答え（　　　）

2 72 ページある本を，毎日 8 ページずつ読むとき，全部(ぜんぶ)読み終(お)わるのに何日かかりますか。 1 つ10〔20点〕

式

答え（　　　）

3 箱(はこ)の中のクッキーを，5 人で同じ数ずつ分けます。クッキーが 1 こも入っていないとき，1 人分は何こになりますか。 1 つ10〔20点〕

式

答え（　　　）

4 赤いチューリップが 21 本，白いチューリップが 7 本さいています。赤いチューリップの数は，白いチューリップの数の何倍(ばい)ですか。 1 つ10〔20点〕

式

答え（　　　）

5 84 人の子どもを 4 人ずつのはんに分けます。何はんできますか。 1 つ10〔20点〕

式

答え（　　　）

□ 1 人分の数やいくつに分けられるかは，わり算でもとめることがわかったかな？
□ わり算の答えを，九九を使(つか)ってもとめられたかな？

勉強した日　　月　　日

① 整理のしかたの問題 きほんのワーク

答え 5ページ

やってみよう

☆32人いるあやさんの組で，やりたい係(かかり)のきぼうを調(しら)べたら，下のようになりました。これを右の表(ひょう)にまとめましょう。

し育(いく)	正下
ほけん	正一
新聞	正正一
図書	正丅

きぼうする係と人数

係	人数(人)
し育	8
ほけん	6
新聞	
図書	
合計	

とき方 「正」の字を使(つか)って人数を調べ，表にまとめるときに，「正」の字を使って表(あらわ)した数を数字になおします。さいごに，合計が組の人数になっているか，たしかめます。

たいせつ
一…1
丅…2
下…3
正…4
正…5

答え 左の表に記入

1 ゆうまさんの組で，家族(ぞく)の人数を調べたら，下のようになりました。これを右の表にまとめましょう。

3人家族	正正
4人家族	正正丅
5人家族	正
6人家族	丅
7人家族	一

家族の人数調べ

家族のしゅるい	人数(人)
3人家族	
4人家族	
5人家族	
その他(た)	
合計	

人数の少ない6人家族と7人家族の人数は，まとめて「その他」とするといいね。

2 3年1組で，すきな動物(どうぶつ)について調べたら，下のようになりました。「正」の字を使って人数を調べて，左がわの表に書いてから，右がわの表にまとめましょう。

パンダ	うさぎ	犬
きりん	ぞう	パンダ
犬	パンダ	うさぎ
うさぎ	パンダ	パンダ
犬	パンダ	パンダ
パンダ	犬	犬
パンダ	うさぎ	犬

犬	
パンダ	
うさぎ	
きりん	
ぞう	

すきな動物と人数

動物	人数(人)
犬	
パンダ	
うさぎ	
その他	
合計	

ポイント しゅるいごとに数を数えるときは，「正」の字を使うとべんりです。

② ぼうグラフの問題

きほんのワーク

答え 6ページ

やってみよう

☆下のぼうグラフは，さやさんが６日間に家で勉強(べん)した時間を表したものです。ぼうグラフを見て，いちばん長く勉強したのは何曜日で，何分勉強したのか答えましょう。

さやさんが勉強した時間 (分)

0　10　20　30　40　50　60

曜日	時間
月曜日	50
火曜日	35
水曜日	25
木曜日	40
金曜日	55
土曜日	15

とき方　いちばん長く勉強した曜日は，ぼうがいちばん長くなっている曜日です。グラフの１めもりは，５分を表しているので，いちばん長いぼうは□分を表します。

答え　□曜日　□分

ぼうの長さで大きさを表したグラフを，ぼうグラフというよ。ぼうグラフに表すと，何が多くて何が少ないかひと目でわかるね。

1 下の表は，さとしさんの組の人が先週図書室でかりた本を，しゅるいごとにまとめて表したものです。これをぼうグラフに表しましょう。

本のしゅるいと人数

しゅるい	数(さつ)
社会	6
理科	8
物語(ものがたり)	9
スポーツ	4
その他	3

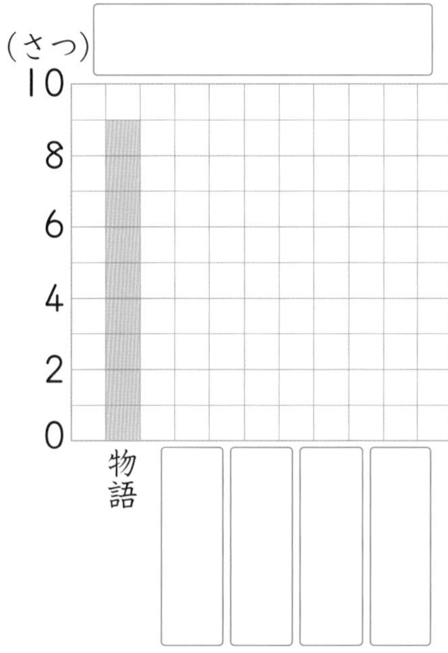

ぼうグラフのかき方

1 しゅるいの数だけ横(よこ)のじくにぼうをかくところをとり，しゅるいも書く。
2 いちばん多い数が書けるように，たてのじくの１めもりの数を決(き)める。
3 めもりの数とたんいを書く。
4 それぞれの数にあわせて，ぼうをかく。
5 表題(ひょうだい)を書く。

★ぼうグラフをかくとき，数の多いじゅんにかくとよいでしょう。「その他」は数が多くても，さいごに書きます。

★やってみようのように，横向(む)きにぼうの長さをとるときもあります。

グラフをかくときは，グラフのたてのじくの１めもりがいくつを表しているか調べます。１めもりの大きさは，問題(もんだい)にあう大きさに決めることが大切です。

勉強した日　　月　　日

③ 表をくふうする問題
きほんのワーク

答え 6ページ

やってみよう

☆下の3つの表は，4月，5月，6月にほけん室に行った1年生，2年生，3年生の人数を，学年ごとに調べたものです。これを1つの表にまとめましょう。

ほけん室に行った人の数調べ

4月	
1年	28人
2年	21人
3年	32人
合計	81人

5月	
1年	19人
2年	24人
3年	26人
合計	69人

6月	
1年	26人
2年	34人
3年	23人
合計	83人

ほけん室に行った人の数調べ（人）

月／学年	4月	5月	6月	合計
1年	28	19	26	
2年	21			
3年				
合計				

とき方 表にそれぞれのほけん室に行った人の数を書き，たて，横の合計も書きます。1つの表にまとめると，月ごと，学年ごとのようすがわかります。

答え 上の表に記入

1 下の2つの表は，午後5時からの30分間に，歩道橋の下を通った乗り物の数を調べたものです。上りは駅のほうに向かう車，下りは駅とは反対のほうに向かう車とします。これを1つの表にまとめましょう。

乗り物調べ（上り）

しゅるい	台数（台）
乗用車	30
トラック	16
バス	7
その他	9

乗り物調べ（下り）

しゅるい	台数（台）
乗用車	37
トラック	12
バス	4
その他	6

乗り物調べ（上り，下り）（台）

向き／しゅるい	上り	下り	合計
乗用車			
トラック			
バス			
その他			
合　計			

ポイント 調べたことを1つの表にまとめることによって，全体のようすがよくわかるようになります。

まとめのテスト

時間 20分

とく点 /100点

答え 6ページ

1 よく出る 下のグラフは，あやさんの学校で，１週間に休んだ人の数を調べて表(あらわ)したものです。グラフを見て，問題(もんだい)に答えましょう。 1つ10〔40点〕

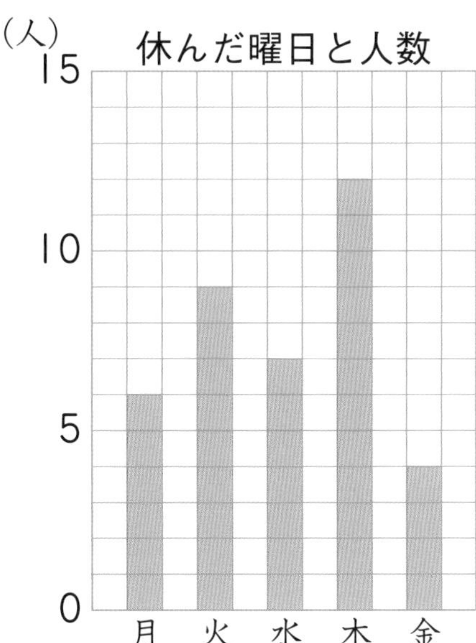

❶ たてのじくの１めもりは何人を表していますか。

(　　　　)

❷ 火曜日に休んだ人数は，金曜日より何人多いですか。

(　　　　)

❸ 休んだ人数が，木曜日の半分だったのは何曜日ですか。

(　　　　)

❹ 月曜日から金曜日までの，休んだ人数は合計で何人ですか。

(　　　　)

2 右の表は，かずきさんの学校の３年生で，クラスごとにすきなスポーツを調べてまとめたものです。表を見て，問題に答えましょう。 1つ20〔60点〕

すきなスポーツと人数 (人)

組 / しゅるい	１組	２組	３組	合計
サッカー	7	12	9	28
野球(きゅう)	11	8	10	29
ドッジボール	6	7	5	18
一りん車	4	1	3	8
その他	2	4	4	10
合計	30	32	31	93

❶ 表の中の93は，何を表していますか。

(　　　　)

❷ １組のすきなスポーツについて，ぼうグラフをかきましょう。

すきなスポーツと人数（１組）

0　5　10　15 (人)

❸ ３年生全体のすきなスポーツについて，ぼうグラフをかきましょう。

すきなスポーツと人数（3年生）

0　10　20　30 (人)

チェック
□「ぼうグラフ」を正しく読み取(と)ることができたかな？
□ 表を見て，「ぼうグラフ」をかくことができたかな？

勉強した日　　月　日

① 長さのたし算とひき算の問題(1)

きほんのワーク

答え 6ページ

やってみよう

☆800mより400m長い長さは，何km何mですか。

とき方 800+400=[　　]より，[　　]mだから，
[　　]km[　　]mです。

答え [　　]km[　　]m

たいせつ
1000mを1キロメートルといい，1kmと書きます。
1000m=1km

1 長方形の形をした公園のたての長さは500mです。横(よこ)の長さがたての長さより900m長いとき，横の長さは何km何mですか。

式

答え(　　　　)

2 600mのひもから270mのひもを切り取(と)りました。ひもは何mのこっていますか。

式

答え(　　　　)

3 長さが9kmの道と13kmの道がつながっています。道の長さはあわせて何kmになりますか。

式

答え(　　　　)

4 ある長方形の形をした土地のたての長さは15kmで，横の長さは12kmです。たての長さは横の長さより何km長いですか。

式

答え(　　　　)

1000m=1kmをしっかりおぼえて，長い長さを●mと表(あらわ)すだけではなく■km▲mと表せるようにもなりましょう。

② 長さのたし算とひき算の問題（2）

きほんのワーク

答え 6ページ

やってみよう

☆3 km は 2 km 200 m より何 m 長いですか。

とき方 km と m のたんいがまじっているので，m にそろえて考えます。

3km＝□m

2km200m＝□m

3000－□＝□

答え □m

同じたんいの長さどうしでないと，たしたり，ひいたりできないよ。たんいをそろえてから計算しよう。1km＝1000m だね。

1 学校のまわりのコースは 1km800m，校庭のコースは 300m あります。今日，まさるさんはそれぞれ 1 しゅう走りました。あわせて何km 何m 走りましたか。

式

答え（　　　　）

2 長さ 1km700m の道につないで，1km600m の道をつくりました。道の長さはあわせて何km 何m になりましたか。

式

答え（　　　　）

3 さやかさんの家からデパートまでは 4km200m，駅までは 3km500m あります。さやかさんの家からデパートまでは，駅までより何m 遠いですか。

式

答え（　　　　）

ポイント たんいがちがうときは，たんいをそろえてから計算しましょう。

勉強した日　月　日

③ きょりと道のりの問題

きほんのワーク

答え 6ページ

やってみよう

☆きよしさんの家から学校までを表(あらわ)した下の地図を見て，学校までのきょりは何mか答えましょう。

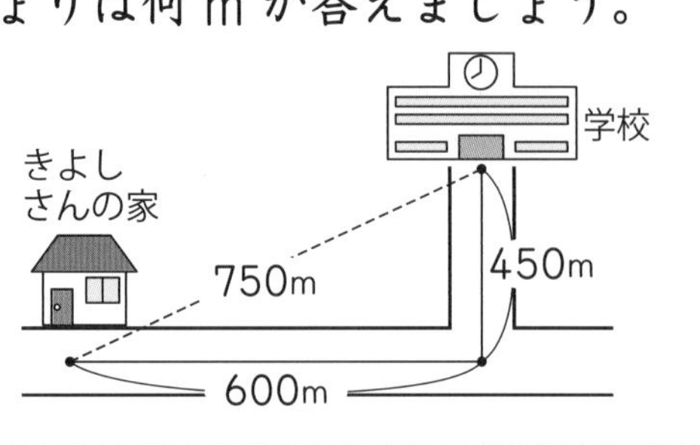

とき方 きょりなので，まっすぐにはかった長さを調(しら)べます。

答え □m

たいせつ

・まっすぐにはかった長さのことを，**きょり**といいます。
・道にそってはかった長さのことを，**道のり**といいます。

1 やってみよう の地図を見て，きよしさんの家から学校までの道のりは何mですか。

道のりなので，道にそった長さを調べればいいんだね。

式

答え（　　　）

2 右のたつきさんの家のまわりの地図を見て，答えましょう。

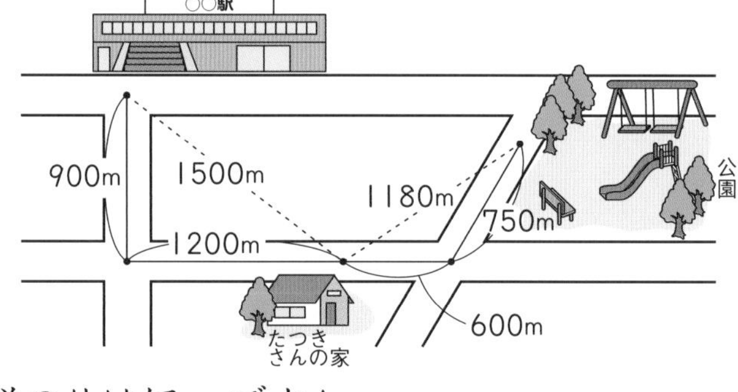

❶ たつきさんの家から駅(えき)までのきょりは何mですか。

（　　　）

❷ たつきさんの家から公園までの道のりは何mですか。

式

答え（　　　）

❸ たつきさんの家から駅までの道のりは何mですか。

式

答え（　　　）

「きょり」と「道のり」のちがいに気をつけましょう。「きょり」はまっすぐにはかった長さのことです。

④ 道のりの計算の問題
きほんのワーク

答え 7ページ

やってみよう

☆たけしさんの家からひろしさんの家までの道のりは700m，ひろしさんの家から学校までの道のりは950mです。たけしさんの家からひろしさんの家の前を通って学校まで行くときの道のりは何km何mですか。

とき方 道のりは，たし算やひき算を使って計算します。

□＋□＝□より，□mです

答え □km□m

1 ひとみさんの家から図書館までの道のりは2kmあります。ひとみさんは，図書館に向かって1km400m歩きました。図書館まで，あと何mのこっていますか。

式

答え（　　　）

2 まりえさんの家から駅までの道のりは800m，駅からゆうびん局までの道のりは2km700mです。

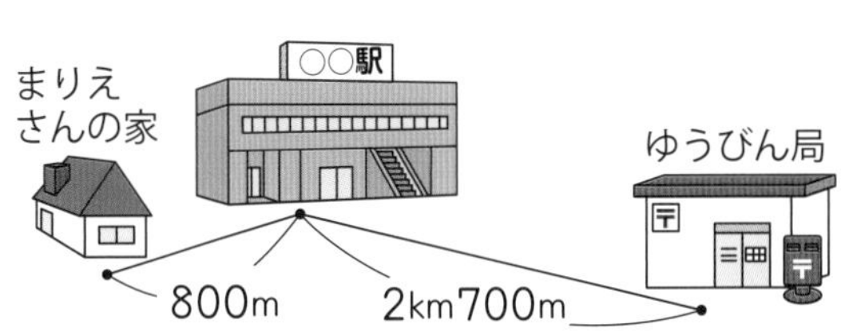

❶ まりえさんの家から駅の前を通って，ゆうびん局まで行くときの道のりは何km何mですか。

式

答え（　　　）

❷ まりえさんの家から駅までの道のりと，駅からゆうびん局までの道のりは，何km何mちがいますか。

式

答え（　　　）

mで表された長さをkmを使って表したり，kmで表された長さをmを使って表したりできるようになることが大切です。

まとめのテスト①

答え 7ページ

1 次の㋐～㋒の長さをはかるには，30mのまきじゃくと30cmのものさしのどちらを使うとよいですか。㋐～㋒の記号で答えましょう。〔16点〕

㋐ 学校のろうかの横の長さ(はば)　㋑ えん筆の長さ

㋒ さくらの木のまわりの長さ

30mのまきじゃく（　　　）　30cmのものさし（　　　）

2 ある長方形の形をした畑の横の長さは732mで，たての長さは横の長さより245m短いそうです。この畑のたての長さは何mですか。1つ12〔24点〕

式

3 よく出る 右のゆみさんの家のまわりの地図を見て，答えましょう。1つ12〔36点〕

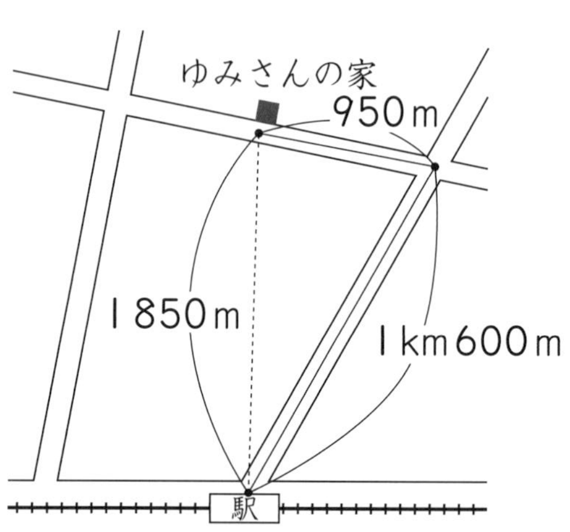

❶ ゆみさんの家から駅までのきょりは何km何mですか。

（　　　）

❷ ゆみさんの家から駅までの道のりは何km何mですか。

式

答え（　　　）

4 こうたさんの家から学校までの道のりは1km700mで，こうたさんの家から公園までの道のりは2km400mです。こうたさんの家からは，学校と公園のどちらがどれだけ近いですか。1つ12〔24点〕

式

答え（　　　）

□「きょり」と「道のり」のちがいがわかったかな？
□長さをたしたり，ひいたりできたかな？

まとめのテスト②

答え 7ページ

とく点 /100点

1 車で36km走り，休んでから58km走りました。あわせて何km走りましたか。

式　　1つ10〔20点〕

答え（　　　　）

2 よく出る まおさんは，家から駅まで歩いていきます。家から1km850m歩きましたが，駅まであと750mあります。家から駅までは，何km何mありますか。

式　　1つ10〔20点〕

答え（　　　　）

3 すすむさんの家から遊園地までは3km500m，駅までは2km900mあります。すすむさんの家から駅までは，遊園地までより何m近いですか。　　1つ10〔20点〕

式

答え（　　　　）

4 右の地図を見て，答えましょう。　　1つ10〔40点〕

学校
650m
ゆうびん局
公園
850m
500m
700m
家

❶ 家から公園の前を通って学校まで行くときの道のりと，家から学校までのきょりは，何mちがいますか。

式

答え（　　　　）

❷ 家から学校へ行くのに，ゆうびん局の前を通って行くときの道のりは，公園の前を通って行くときの道のりよりも450m長くなります。ゆうびん局から学校までの道のりは何mですか。

式

答え（　　　　）

□同じたんいの長さどうしは，たしたり，ひいたりできることを理かいできたかな？

勉強した日　月　日

① あまりをもとめる問題

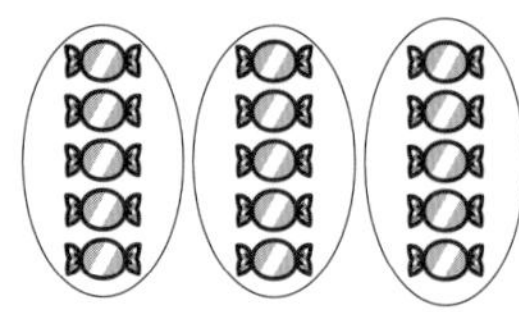

答え 7ページ

やってみよう

☆あめが17こあります。1ふくろに5こずつ入れると，何ふくろできて，何こあまりますか。また，計算の答えをたしかめましょう。

とき方

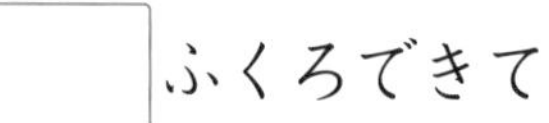

5こずつふくろに入れると，ふくろが3つできて，2こあまります。

17÷5の答えを見つけるときも5のだんの九九を使うよ。

このことを式で，□÷□＝□あまり□と書きます。

答え □ふくろできて，□こあまる。

たしかめ

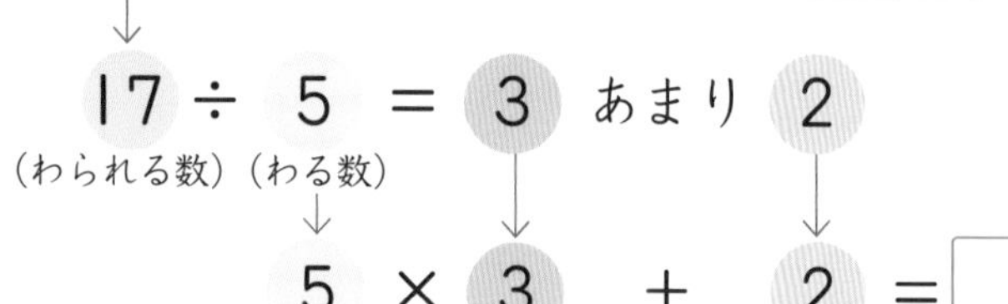

この数がわられる数と同じになっていれば，わり算の答えが正しいとわかります。

17
5×3＋2

1 クッキーが30こあります。4人で同じ数ずつ分けると，1人分は何こになって，何こあまりますか。また，答えをたしかめましょう。

わり算のあまりは，わる数よりも小さくなるよ。

式

答え（　　　　）

たしかめ（　　　　）

2 ボールが45こあります。1箱に6このボールを入れると，何箱できて，何こあまりますか。また，答えをたしかめましょう。

式

答え（　　　　）

たしかめ（　　　　）

わり算では，あまりがないときを「わりきれる」といい，あまりがあるときを「わりきれない」といいます。

② あまりを考える問題

きほんのワーク

答え 7ページ

やってみよう

☆子どもが47人います。長いす1きゃくに5人ずつすわっていきます。みんながすわるには，長いすが何きゃくいりますか。

とき方 □÷□=□ あまり□

みんながすわるには，のこった2人がすわるための長いすがもう1きゃくひつようになります。

9+1=□　答え □きゃく

あまりが2あるので，長いすが9きゃくでは，2人がすわれないことになるね。

1 60ページの本があります。1日に7ページずつ読むと，読み終わるのに何日かかりますか。

式

答え（　　　）

2 28人の子どもが6人ずつ分かれて船に乗ります。全員が乗るには，船は何そうあればよいですか。

式

答え（　　　）

3 えん筆が17本あります。1人に3本ずつ配ると，何人に配れますか。

式

えん筆を3本もらえるのは何人かな。

答え（　　　）

4 はばが35cmの本立てに，あつさ4cmの本は何さつ立てられますか。

式

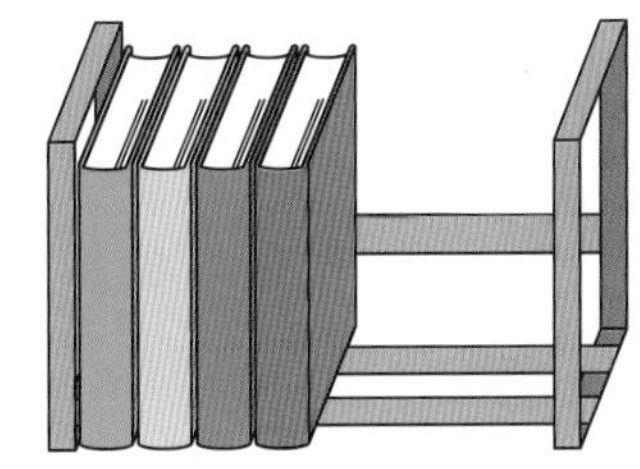

答え（　　　）

ポイント あまりを考えて，答えを1ふやすのか，そのままにするのか決めていきます。問題をよく読んで考えましょう。

勉強した日　月　日

まとめのテスト①

時間 20分

とく点　/100点

答え 7ページ

1 よく出る りんごが25こあります。|皿(さら)に3こずつのせて売ります。何皿できて，何こあまりますか。　1つ8〔16点〕

式

答え（　　　）

2 色紙が39まいあります。|人に4まいずつ分けます。何人に分けられて，何まいあまりますか。　1つ10〔20点〕

式

答え（　　　）

3 52まいのトランプのカードを，9人に同じ数ずつ配(くば)ります。|人分は何まいになって，何まいあまりますか。また，答えをたしかめましょう。　1つ8〔24点〕

式

答え（　　　）

たしかめ（　　　）

4 シュークリームが32こあります。|箱(はこ)に5このシュークリームを入れていきます。5こ入りの箱は何箱できますか。　1つ10〔20点〕

式

答え（　　　）

5 計算問題(もんだい)が54題あります。|日に8題ずつとくと，全部(ぜんぶ)とき終(お)わるまでに何日かかりますか。　1つ10〔20点〕

式

答え（　　　）

□九九を使(つか)って，あまりのあるわり算の計算ができたかな？
□答えのたしかめができたかな？

まとめのテスト②

時間 20分

とく点　/100点

答え 7ページ

1 よく出る 花が42本あります。この花を5本ずつのたばにすると，何たばできて，花は何本あまりますか。 1つ8〔16点〕

式

答え（　　　　）

2 ボールが52こあります。8こずつ箱にボールを入れていくと，8こ入りの箱は何箱できて，ボールは何こあまりますか。また，答えをたしかめましょう。

式 1つ8〔24点〕

答え（　　　　）

たしかめ（　　　　）

3 1まいの画用紙から，6このメダルを作ります。38このメダルを作るには，画用紙は何まいひつようですか。 1つ10〔20点〕

式

答え（　　　　）

4 60cmのテープがあります。このテープから7cmのテープは何本とれますか。

式 1つ10〔20点〕

答え（　　　　）

5 チョコレートが6こ入った箱がいくつかあります。このチョコレートを，53人の子どもに，1こずつ配ろうと思います。6こ入りのチョコレートの箱は，何箱あればよいですか。 1つ10〔20点〕

式

答え（　　　　）

チェック
□あまりのあるわり算の答え方がわかったかな？
□あまりを考えて，答えることができたかな？

勉強した日　　月　　日

① 数の大小をくらべる問題

きほんのワーク

答え 8ページ

やってみよう

☆なおこさんが住(す)んでいる市の人口は，男が 216893 人，女が 217128 人でした。どちらが多いですか。

とき方 十万の位(くらい)の数も，一万の位の数も同じなので，千の位の数の大きさで，大小をくらべます。

男 2 1 6 8 9 3
女 2 1 7 1 2 8
↑十万の位 ↑一万の位 ↑千の位

男の人数の千の位の数 □

女の人数の千の位の数 □

答え □ のほうが多い。

2 つの数が同じけた数の数ならば，大きい位の数からじゅんにくらべていきます。いちばん大きい位の数が同じならば，1 つ下の位の数，もう 1 つ下の位の数，……とくらべていきます。

1 37590102 と 37579628 では，どちらの数が大きいですか。大きいほうの数を答えましょう。

（　　　　）

2 たかしさんの家では，前の月に使(つか)ったお金は 146803 円で，今月使ったお金は 148035 円でした。どちらの月が多く使いましたか。

何の位の数の大きさをくらべればよいのかな？

（　　　　）

3 百万を 6 こ，十万を 2 こ，一万を 7 こあわせた数と，百万を 6 こ，十万を 4 こ，一万を 4 こあわせた数とでは，どちらが大きいですか。その数を数字で答えましょう。

（　　　　）

ポイント 2 つの数の大小をくらべるときは，まず，それぞれの数が何けたの数かを調(しら)べます。

② 10倍，100倍した数をもとめる問題

きほんのワーク

答え 8ページ

やってみよう

☆まことさんは，1300円持っています。まことさんのお兄さんは，まことさんの10倍のお金を持っています。お兄さんの持っているお金は何円ですか。

とき方 「10倍」するので，かけ算で計算します。

1300 ──10倍──→ 13000

式は，1300×10=□です。

答え □円

たいせつ
数を10倍すると，位が1つずつ上がり，もとの数の右に0を1こつけた数になります。

1 1人4500円ずつ，10人からお金を集めます。全部でいくらになりますか。

式

答え（　　　）

2 10人で旅行に行きます。旅行にかかるお金は1人24000円です。10人分の旅行代金はいくらになりますか。

式

答え（　　　）

3 紙が125まいずつ入った箱が100箱あります。紙は全部で何まいありますか。

式

数を100倍すると，位が2つずつ上がり，もとの数の右に0を2こつけた数になるね。

答え（　　　）

4 1日に3900この荷物を運べるトラックがあります。100日では，何この荷物を運べますか。

式

答え（　　　）

ある数を100倍するということは，ある数を10倍して，さらに10倍することだから，もとの数の右に0を2こつけた数になります。

勉強した日　　月　　日

③ 10でわった数をもとめる問題

きほんのワーク

答え 8ページ

やってみよう

☆30000まいの紙を，10クラスで同じ数ずつ分けます。1クラス分は何まいになりますか。

とき方 「分ける」ので，わり算で計算します。

30000 →(10でわる) 3000(0) ←とる

式は，30000÷10＝［　　］です。

答え ［　　］まい

たいせつ

一の位が0の数を10でわると，位が1つずつ下がり，一の位の0をとった数になります。

1 ストローが750本あります。10のグループで同じ数ずつ分けると，1グループ分は何本になりますか。

式

答え（　　　）

2 5000円を，10人で同じ金がくずつ分けます。1人分はいくらになりますか。

式

答え（　　　）

3 同じねだんのメロンが10こあります。このメロンの代金が9800円のとき，1このねだんはいくらですか。

式

答え（　　　）

4 12000このボールを10こずつふくろに入れていくと，何ふくろできますか。

式

答え（　　　）

10でわるということは，もとの数の位が，1つずつ下がるということです。

答え 8ページ

とく点　/100点

1 みちこさんが住(す)んでいる町にある遊(ゆう)園地に入場した人は，去(きょ)年は 427990 人で，今年は 429700 人でした。去年と今年では，入場した人数はどちらが多いですか。〔20点〕

（　　　　）

2 ある工場で月に 75000 この品物(しなもの)を作っていましたが，新しいきかいに入れかえたら，10 倍(ばい)の品物が作れるようになりました。月に何こ作れるようになりましたか。1つ10〔20点〕

式

答え（　　　　）

3 1050 本のねじが入った箱(はこ)が 100 箱あります。ねじは全部(ぜんぶ)で何本ありますか。1つ10〔20点〕

式

答え（　　　　）

4 8000 まいの紙を，同じ数ずつまとめて 10 のたばに分けます。1 たばのまい数は何まいですか。1つ10〔20点〕

式

答え（　　　　）

5 10 人でお楽しみ会をしました。10 人分のおかし代は全部で 3700 円でした。1 人分はいくらですか。1つ10〔20点〕

式

答え（　　　　）

□大きい数の大小をくらべることができたかな？
□10倍，100倍したり，10でわったりする問題(もんだい)がとけたかな？

① (2けた)×(1けた)の問題（1）

きほんのワーク

答え 8ページ

やってみよう

☆1まい12円の画用紙を3まい買います。代金はいくらですか。

とき方 3まい分の代金をもとめるので，かけ算で計算します。

式は 12×[　　]で，

筆算は，右のようにします。

　　1 2
×　　3
――――
　[　][　]

答え [　　]円

1 14本を1たばにした花たばが2つあります。花は全部で何本ありますか。

×

式

答え（　　　　）

2 22このいちごがのっている皿が4まいあります。いちごは全部で何こありますか。

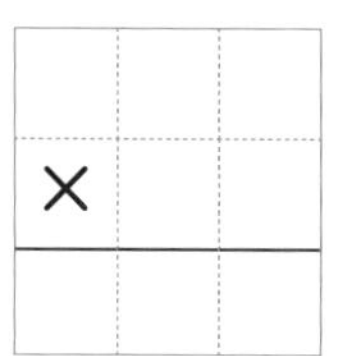

式

答え（　　　　）

3 1こ31円の消しゴムを3こ買います。代金はいくらですか。

式

答え（　　　　）

4 1日に43回なわとびをします。2日では何回とびますか。

式

答え（　　　　）

ポイント 計算を筆算でするときは，一の位，十の位のじゅんに，九九を使って計算します。

② (2けた)×(1けた)の問題(2)

きほんのワーク

答え 8ページ

やってみよう

☆67円のみかんを8こ買います。代金はいくらですか。

とき方 8こ分の代金をもとめるので，かけ算で計算します。

式は67×□で，

筆算は，右のようにします。

答え □円

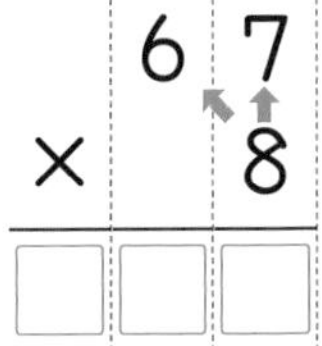

1 キャラメルが16こ入っているふくろが9ふくろあります。キャラメルは全部で何こありますか。

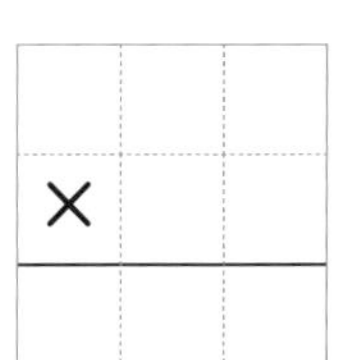

式

答え（　　　）

2 ようこさんは，物語(ものがたり)の本を1日に32ページ読みます。1週間では何ページ読むことができますか。

式

答え（　　　）

3 ある学校の3年生は3クラスあって，どのクラスも28人です。3年生は，みんなで何人いますか。

式

答え（　　　）

4 1本74円のえん筆(ぴつ)を6本買います。代金はいくらですか。

式

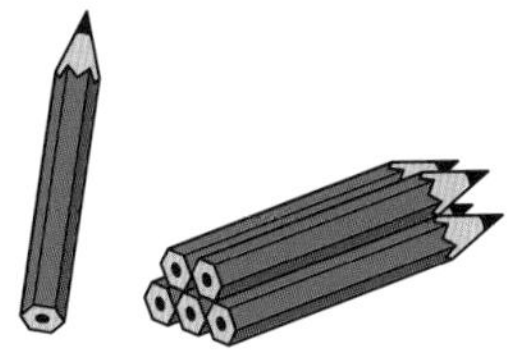

答え（　　　）

ポイント 計算を筆算でするとき，くり上がりがあるときは，くり上げた数をたすのをわすれないようにしましょう。

③ (3けた)×(1けた)の問題

きほんのワーク

答え 8ページ

やってみよう

☆1さつ135円のノートを6さつ買います。代金はいくらですか。

とき方 6さつ分の代金をもとめるので，かけ算で計算します。
式は，135×□で，
筆算は，右のようにします。

$$\begin{array}{r} 135 \\ \times\quad 6 \\ \hline \square\square\square \end{array}$$

答え □円

1 校庭のコースは1しゅう213mあります。3しゅうすると，全部で何m走りますか。

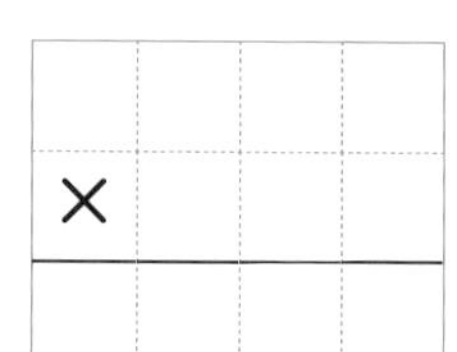

式

答え (　　　)

2 ボールが129こ入っている箱が7箱あります。ボールは全部で何こありますか。

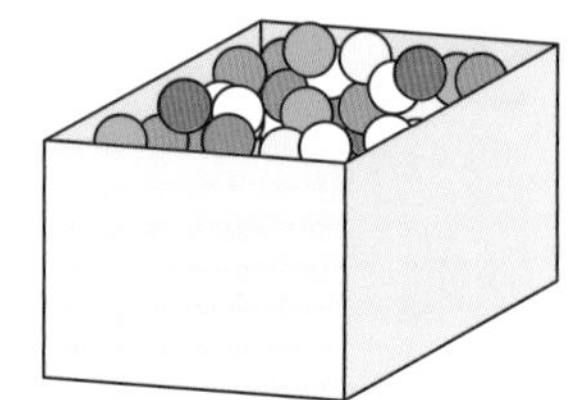

式

答え (　　　)

3 1本のテープを同じ長さになるように6本に切ったら，1本の長さが190cmになりました。切る前のテープは何m何cmありましたか。

式

答え (　　　)

4 1さつ102円のメモ用紙を4さつ買います。代金はいくらですか。

式

102の十の位が0だね。筆算をするときに，気をつけよう。

答え (　　　)

ポイント 位をたてにそろえて，計算を筆算でするとよいでしょう。くり上がりにも注意しましょう。

④ 倍とかけ算の問題
きほんのワーク

答え 9ページ

やってみよう

☆１こ116円のプリンがあります。ケーキのねだんは，プリンのねだんの３倍(ばい)です。ケーキのねだんはいくらですか。

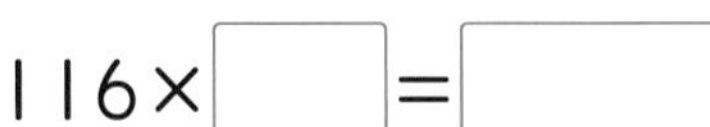

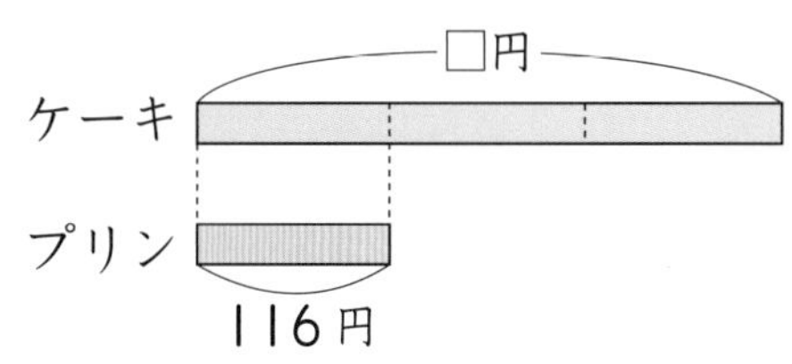

とき方　ケーキのねだんは，プリンのねだんをもとにすると□こ分だから，かけ算を使(つか)ってもとめます。

116×□＝□　答え □円

1 しほさんは，850円のちょ金があります。お姉さんは，しほさんの２倍のちょ金があります。お姉さんのちょ金はいくらですか。

式

答え（　　　　）

2 画用紙が403まいあります。コピー用紙のまい数は，画用紙のまい数の５倍です。コピー用紙は何まいありますか。

式

答え（　　　　）

3 小びんにジュースが120mL入っています。中びんには小びんの３倍，大びんには中びんの２倍のジュースが入っています。大びんには何mLのジュースが入っていますか。

式

答え（　　　　）

ポイント　●倍の大きさをもとめるときは，かけ算を使って計算します。

⑤ かけ算のしかたをくふうする問題(1)

きほんのワーク

答え 9ページ

やってみよう

☆ | こ 70 円のパンが，| ふくろに 3 こずつ入っています。2 ふくろ買うと，代金はいくらですか。

とき方 次の 2 つの考え方でもとめることができます。

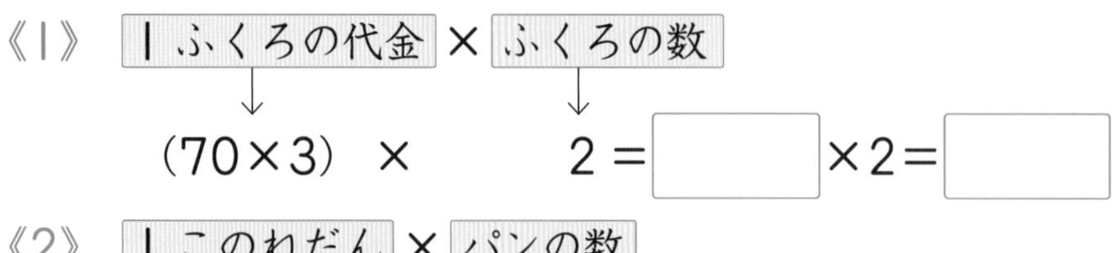

《1》 | ふくろの代金 × ふくろの数

(70×3) × 2 = □ ×2= □

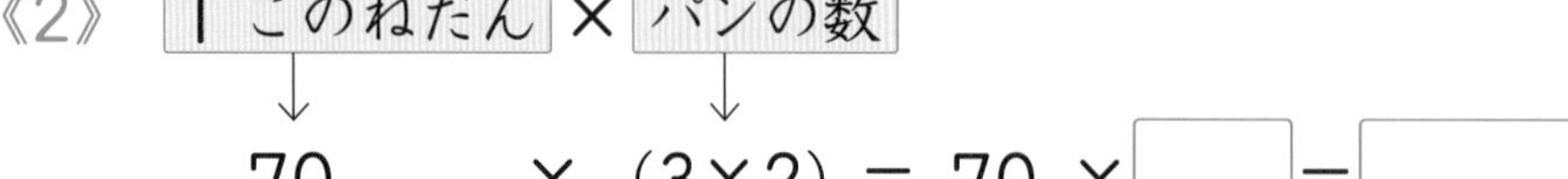

《2》 | このねだん × パンの数

70 × (3×2) = 70 × □ = □

答え □ 円

たいせつ
3 つの数のかけ算では，はじめの 2 つの数を先に計算しても，あとの 2 つの数を先に計算しても，答えは同じになります。
(70×3)×2
=70×(3×2)

1 | こ 148 円のせっけんが，| 箱に 2 こずつ入っています。5 箱買うと，代金はいくらですか。

式

答え (　　　　)

2 ゆきなさんとよしきさんは同じ本を，ゆきなさんは | 日 32 ページずつ 9 日間，よしきさんは | 日 9 ページずつ 32 日間読みます。どちらが多く読みますか。

式

答え (　　　　)

3 ひろしさんは，6 まいのおり紙を | たばにしたものを，27 たば持っています。みさとさんは，27 まいのおり紙を | たばにしたものを，6 たば持っています。どちらがおり紙を多く持っていますか。

式

答え (　　　　)

ポイント かけ算のきまり(■×●)×▲=■×(●×▲)，■×●=●×■ を理かいしましょう。

⑥ かけ算のしかたをくふうする問題(2)

きほんのワーク

答え 9ページ

やってみよう

☆ 1本80円のえん筆(ぴつ)を6本と，1こ50円の消(け)しゴムを6こ買います。代金はあわせていくらですか。

とき方 次の2つの考え方で計算できます。

《1》 えん筆6本の代金 ＋ 消しゴム6この代金

80×6＝□　　50×□＝300

□＋300＝□

2つの品物(しなもの)のそれぞれの代金をもとめて合計しても，組にしたときの代金をもとめてから計算しても答えは同じになるね。

《2》 えん筆の本数と消しゴムのこ数が同じだから，

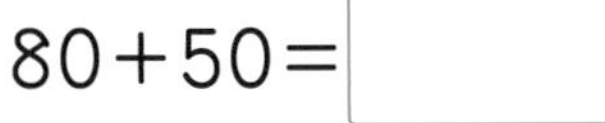

えんぴつ1本と消しゴム1こを1組にしたときの代金 × こ数

80＋50＝□　　□×6＝□

答え □ 円

1 赤いおはじきが70こ入った箱が8箱，青いおはじきが30こ入った箱が8箱あります。おはじきはあわせて何こありますか。

式

答え（　　　）

2 1こ90円のりんごを7こと，1こ60円のみかんを7こ買います。りんごの代金と，みかんの代金のちがいはいくらですか。

式

答え（　　　）

3 なおきさんはシールが35まい入った箱を4箱，弟はシールが15まい入った箱を4箱持っています。なおきさんは，弟よりシールを何まい多く持っていますか。

式

答え（　　　）

ポイント 考え方によって，2通りの計算のしかたがあります。

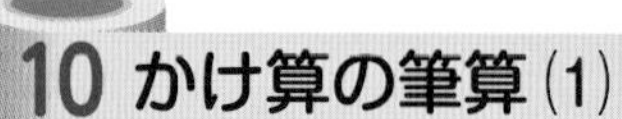

まとめのテスト①

答え 9ページ

時間 20分

とく点 /100点

1 よく出る 24このりんごが入っている箱が6箱あります。りんごは全部で何こありますか。 1つ10〔20点〕

式

答え（　　　　）

2 よく出る 1本のテープを同じ長さになるように5本に切ったら，1本の長さが173cmになりました。切る前のテープは何m何cmありましたか。 1つ10〔20点〕

式

答え（　　　　）

3 1回に192この荷物を運べる小さいトラックがあります。大きいトラックは1回に，小さいトラックの4倍の数の荷物を運べます。大きいトラックは，1回に何この荷物を運べますか。 1つ10〔20点〕

式

答え（　　　　）

4 1こ50円のガムを7こと，1こ30円のキャラメルを7こ買います。ガムの代金と，キャラメルの代金のちがいはいくらですか。 1つ10〔20点〕

式

答え（　　　　）

5 1たば24まい入りの色紙を，4たばずつ5人に配りました。配った色紙は，全部で何まいですか。 1つ10〔20点〕

式

答え（　　　　）

□ 1けたの数をかけるかけ算を，筆算で計算できたかな？
□ 九九を使って，くり上がりに気をつけて計算できたかな？

1 よく出る　1本52円のえん筆(ぴつ)を5本買います。代金はいくらですか。

式　1つ10〔20点〕

答え（　　　）

2 よく出る　325mL入りの飲(の)み物(もの)を7本買います。全部で何mLありますか。

式　1つ10〔20点〕

答え（　　　）

3 20まいが1たばになった赤いカード9たばと，80まいが1たばになった青いカード9たばがあります。カードは，あわせて何まいありますか。　1つ10〔20点〕

式

答え（　　　）

4 1こ163円のドーナツが，1箱に2こずつ入っています。4箱買うと，ドーナツの代金はいくらですか。　1つ10〔20点〕

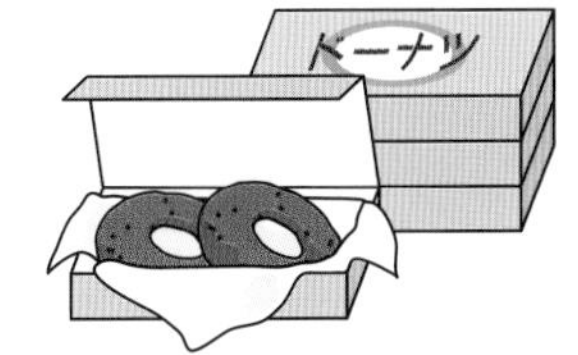

式

答え（　　　）

5 やすしさんは，1日29題(だい)ずつ8日間計算練習(れんしゅう)をしました。はるなさんは，1日8題ずつ29日間計算練習をしました。どちらが多く計算練習をしましたか。

式　1つ10〔20点〕

答え（　　　）

□(3けた)×(1けた)の筆算はできたかな？
□かけ算のきまりを使って，くふうして計算することができたかな？

勉強した日　月　日

① 円の問題
きほんのワーク

答え 9ページ

やってみよう

☆下のように，大きな円の中に同じ大きさの小さな円が２つぴったり入っています。あ，い，うの長さは，それぞれ何cmですか。

とき方 小さな円の直径は20cmだから，半径(あ)は［　］cmになります。大きな円の半径(い)は小さな円の直径と同じ長さだから，［　］cmになります。うは大きな円の直径だから，［　］cmです。

答え
あ［　］cm
い［　］cm
う［　］cm

たいせつ
円の真ん中の点を円の**中心**，中心から円のまわりまでひいた直線を**半径**といいます。
中心を通り，円のまわりからまわりまでひいた直線を**直径**といい，直径の長さは，半径の長さの２倍です。

中心　半径　半径　直径

1 あ，いのどちらが長いですか。コンパスで，長さを下の直線にうつしとってくらべましょう。

あ　　　い

あの長さ ＿＿＿＿＿＿＿＿

いの長さ ＿＿＿＿＿＿＿＿

（　　　　）

2 右のように，１つの辺の長さが4cmの正方形の中にぴったり入る円の半径は，何cmになりますか。

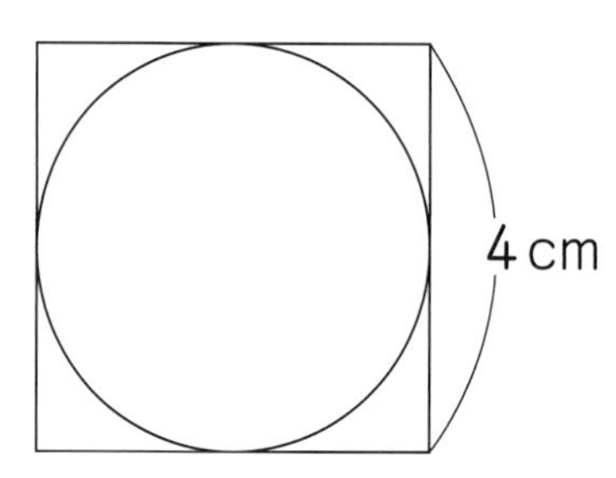

円の直径の長さは，正方形の１つの辺の長さと同じだね。

式

答え（　　　　）

ポイント 直径の長さは半径の２倍です。ぎゃくに考えると，半径の長さは直径の半分です。

② 球の問題

きほんのワーク

答え 10ページ

やってみよう

☆右のような箱の中に，同じ大きさのボールが 2 こぴったり入っています。ボール 1 この半径は何 cm ですか。

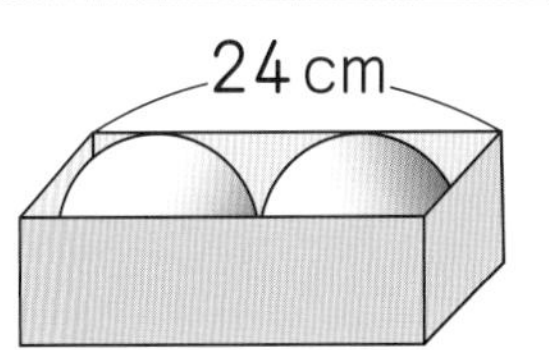

とき方 箱の横の長さは 24 cm だから，
ボールの直径の長さは 24 ÷ □ = □ より，□ cm
半径の長さは，直径の半分だから，12 ÷ 2 = □ より，□ cm

たいせつ

ボールのように，どこから見ても円に見える形を，**球**といいます。球を半分に切ったときの切り口は円になっています。この切り口の円の中心，半径，直径を，**球の中心**，**半径**，**直径**といいます。

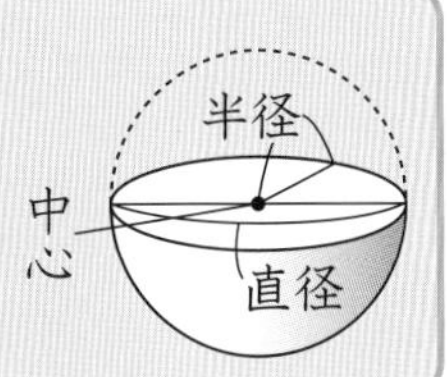

答え □ cm

1 右のように，直径 6 cm のボールが 3 こぴったり入っているつつがあります。このつつの長さは何 cm ですか。

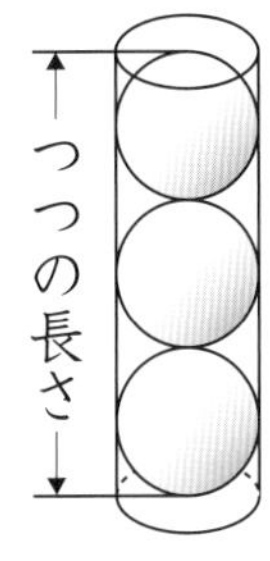

式

答え（　　　　）

2 右のような箱の中に，同じ大きさのボールがぴったり 10 こ入っています。ボールの半径は何 cm ですか。

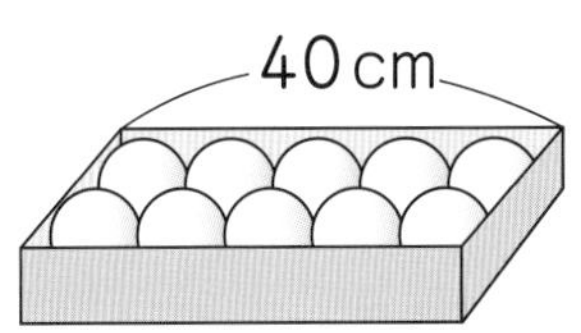

式

答え（　　　　）

3 右のような箱の中に，半径 5 cm のボールが 6 こぴったり入っています。箱のたて，横の長さはそれぞれ何 cm ですか。

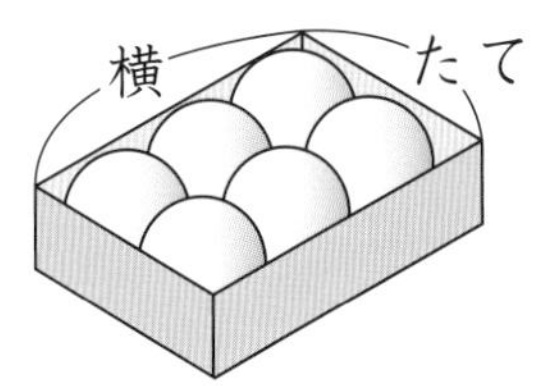

式

答え たて（　　　　）　横（　　　　）

ポイント 球のどこを切っても，切り口はいつも円になります。球を半分に切ったときの切り口の円の中心，半径，直径が，球の中心，半径，直径です。

まとめのテスト①

答え 10ページ

勉強した日　月　日

とく点　/100点

1 右の円について，次の問題に答えましょう。　1つ10〔20点〕

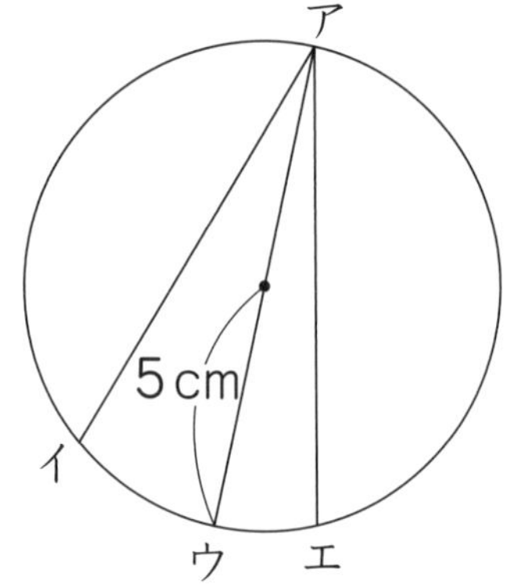

❶ アイ，アウ，アエの直線のうち，いちばん長いのはどれですか。

（　　　　　）

❷ 直径の長さは何cmですか。

（　　　　　）

2 右のように，同じ大きさの3つの円がならんでいます。あ，いの長さをそれぞれもとめましょう。　1つ15〔30点〕

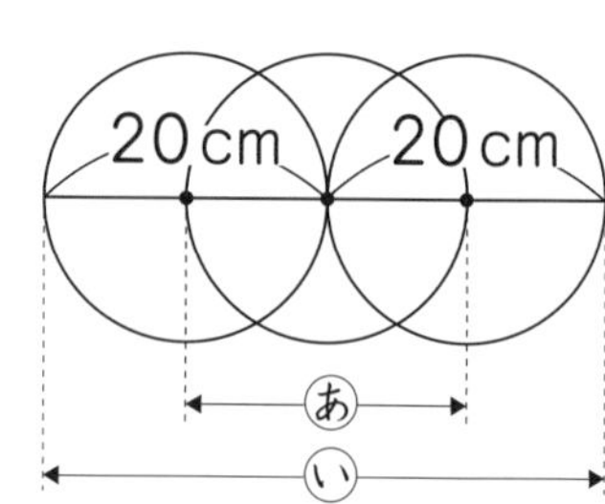

あ（　　　　　）　い（　　　　　）

3 右のような箱に，直径4cmのボールを入れます。ぴったり入れると何こ入りますか。　1つ10〔20点〕

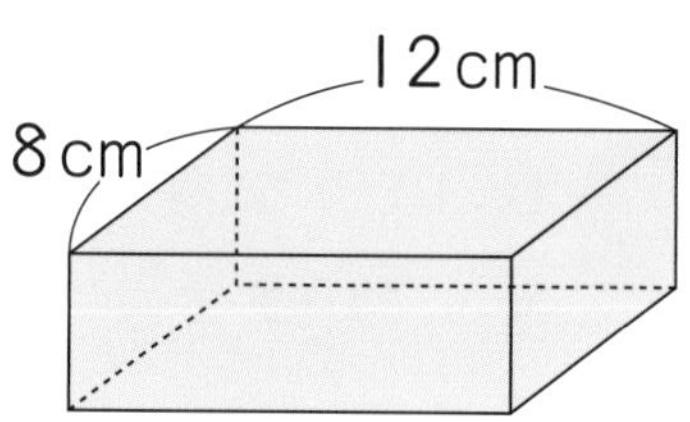

式

答え（　　　　　）

4 右のように，半径8cmのボールが2こぴったり入っている箱があります。この箱のたてと横の長さは，それぞれ何cmですか。　1つ10〔30点〕

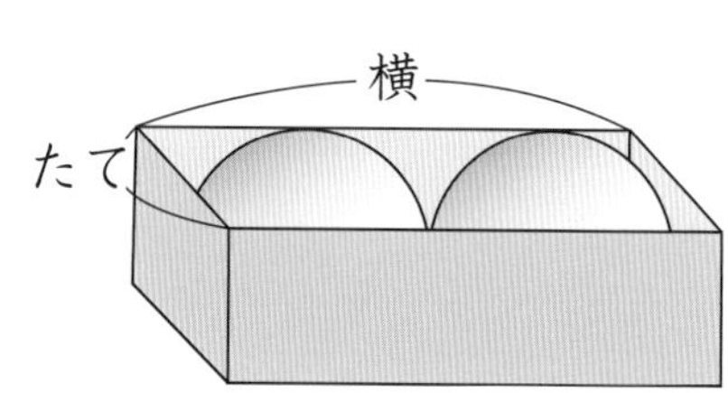

式

答え たて（　　　　　）　横（　　　　　）

チェック
□直径と半径の長さのかんけいはわかったかな？
□ボールがぴったり入っているときの，箱の大きさをもとめられたかな？

まとめのテスト②

時間 20分

とく点　/100点

答え 10ページ

1 次の図を，コンパスを使って，下にかきましょう。　1つ10〔40点〕

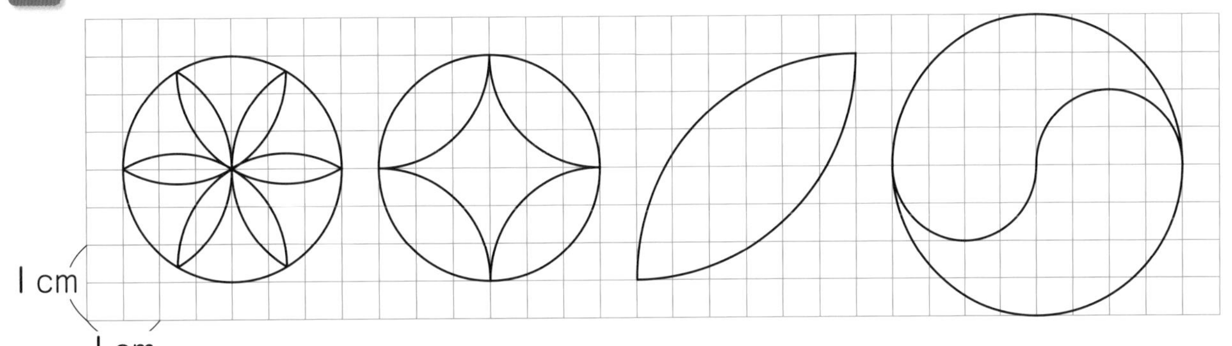

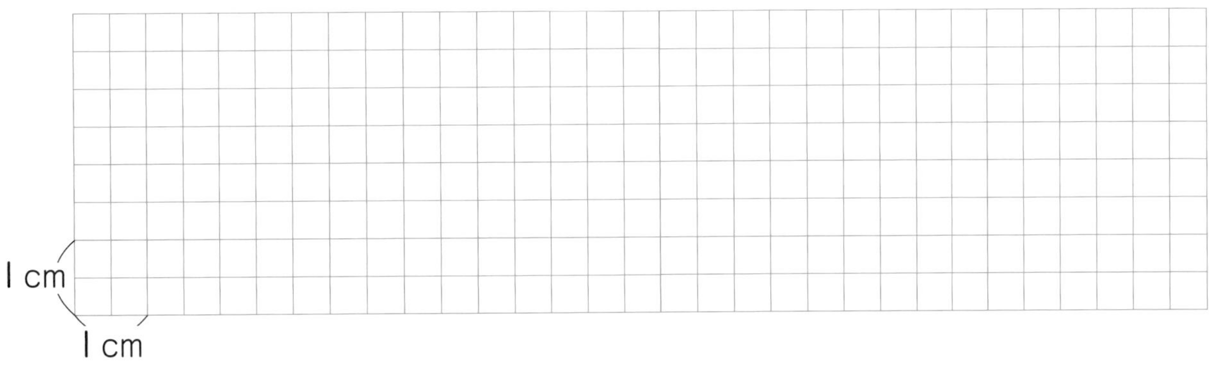

2 たてが36cm，横が54cmの長方形の中に，右のように，半径3cmの円を重ならないようにできるだけたくさんかくとすると，全部で何こかけますか。　1つ10〔20点〕

36cm　3cm　54cm

答え（　　　　）

3 右のように，同じ大きさのボールがぴったり入っている箱があります。　1つ10〔40点〕

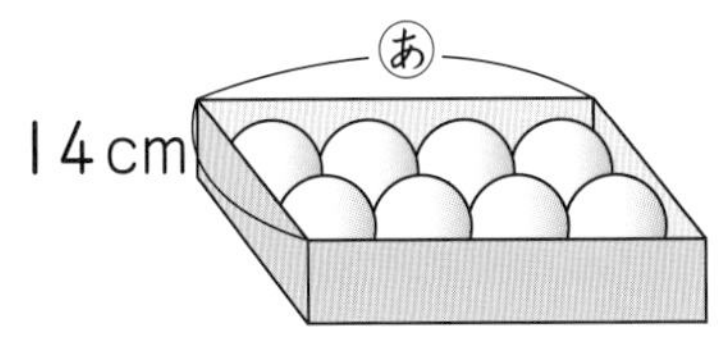

❶ ボールの直径は何cmですか。

式

答え（　　　　）

❷ ㋐の長さは何cmですか。

式

答え（　　　　）

□コンパスを使って，いろいろなもようをかくことができたかな？
□長方形の中にかける円の数をもとめられたかな？

① 小数のたし算の問題

きほんのワーク

答え 11ページ

やってみよう

☆ジュースが大きいびんに0.6 L，小さいびんに0.3 L 入っています。ジュースはあわせて何 L ありますか。

とき方 右の図のように，
0.6 L は，0.1 L の6こ分
0.3 L は，0.1 L の3こ分
あわせると，
6+3=9 より，0.1 L の9こ分です。

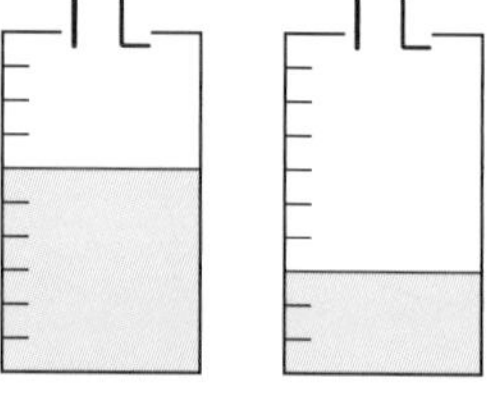

0.6+0.3=[　　]　　答え [　　] L

たいせつ

1 L を10等分した1つ分を0.1 L と書き，「れい点一リットル」と読みます。

1 小さいびんには水が0.7 L 入ります。大きいびんには，小さいびんより0.5 L 多い水が入ります。大きいびんには何 L 入りますか。

式

答え（　　　　）

2 赤いテープの長さは2.6 m です。白いテープは赤いテープより1.3 m 長いそうです。白いテープの長さは何 m ですか。

式

```
  2.6
+ 1.3
-----
  □.□
```

答え（　　　　）

3 水が1つのバケツに3.7 L，もう1つのバケツに4.3 L 入っています。水はあわせて何 L ありますか。

式

答え（　　　　）

0.7や1.2のような数を「小数」といい，「.」を小数点といいます。
0，1，2，3，……のような数を「整数」といいます。

② 小数のひき算の問題

きほんのワーク

答え 11ページ

やってみよう

☆ジュースが 0.9 L あります。そのうち 0.2 L 飲(の)みました。ジュースは何 L のこっていますか。

とき方　0.9 L は，0.1 L の 9 こ分
0.2 L は，0.1 L の 2 こ分　だから，9－2＝7 より，
0.1 L の 7 こ分です。
0.9－0.2＝□

答え □ L

1 水がポットに 1.7 L，水とうに 0.8 L 入っています。2 つの入れ物(もの)に入っている水のかさのちがいは何 L ですか。

式

答え（　　　）

2 名ふだのたての長さは 5.4 cm で，横(よこ)の長さは 3.2 cm です。長さのちがいは何 cm ですか。

式

	5	.	4
－	3	.	2
	□	.	□

答え（　　　）

3 ふもとから山のちょう上(じょう)までの道のりは 6.2 km あります。ふもとから 3.9 km 歩きました。あと何 km 歩くと，ちょう上に着(つ)きますか。

式

答え（　　　）

ポイント　小数で，小数点のすぐ右の位を小数第一位(だいいちい)といいます。
また，1 dL は 0.1 L，1 mm は 0.1 cm になります。

勉強した日　月　日

まとめのテスト①

答え 11ページ

1 よく出る 3.5L のジュースがあります。そのうち，2.3L 飲(の)みました。ジュースは何L のこっていますか。　1つ10〔20点〕

式

答え（　　　　　）

2 よく出る Ｉ本の毛糸を2つに切ったところ，長さはそれぞれ 8.6cm と 9.7cm になりました。はじめに毛糸は何cm ありましたか。　1つ10〔20点〕

式

答え（　　　　　）

3 麦茶が大きい水とうに 2.3L，小さい水とうに Ｉ.7L 入っています。　1つ10〔40点〕

❶ 大きい水とうと小さい水とうの麦茶をポットに入れると，あわせて何L になりますか。

式

答え（　　　　　）

❷ 大きい水とうと小さい水とうの麦茶のかさのちがいは，何L ですか。

式

答え（　　　　　）

チャレンジ! **4** あさみさんは，リボンを 2m 持(も)っています。今日，40cm 使(つか)いました。のこりは何m ですか。　1つ10〔20点〕

式

答え（　　　　　）

□ 0.Ｉの何こ分かを考えて，たし算やひき算ができたかな？
□ 小数のたし算やひき算の筆算(ひっさん)で，位(くらい)をそろえて書くことができたかな？

勉強した日　月　日

まとめのテスト②

時間 20分

とく点 /100点

答え 11ページ

1 よく出る 白いテープが 7.6 cm，赤いテープが 9.2 cm あります。　1つ10〔40点〕

❶ 白いテープと赤いテープをあわせると，何 cm のテープがあることになりますか。

式

答え（　　　）

❷ どちらのテープが，何 cm 長いですか。

式

答え（　　　）

2 水そうに水が 125.5 L 入っています。そこに 110.3 L の水をたしました。水は全部(ぜんぶ)で何 L になりましたか。　1つ10〔20点〕

式

答え（　　　）

チャレンジ! **3** あるシールのたての長さは 3 cm，横(よこ)の長さは 23 mm です。たてと横の長さのちがいは何 cm ですか。　1つ10〔20点〕

式

答え（　　　）

チャレンジ! **4** しょう油(ゆ)が 2.2 L あります。そのうち 3 dL 使いました。のこりは何 L ですか。　1つ10〔20点〕

式

答え（　　　）

□ 筆算を使(つか)って，小数のたし算やひき算ができたかな？
□ たんいがちがうとき，小数を使って，たんいをそろえることができたかな？

勉強した日　　月　　日

① 分数のたし算の問題
きほんのワーク

答え 11ページ

やってみよう

☆ 1つのテープを2つに切ったところ，長さはそれぞれ$\frac{1}{5}$mと$\frac{3}{5}$mになりました。はじめにテープは何mありましたか。

とき方 式は$\frac{1}{5}+\frac{3}{5}$です。

$\frac{1}{5}$mは$\frac{1}{5}$mの□こ分，

$\frac{3}{5}$mは$\frac{1}{5}$mの□こ分，

あわせて$\frac{1}{5}$mの(1＋3)こ分だから，

$\frac{1}{5}+\frac{3}{5}=\frac{□}{□}$になります。

答え □m

たいせつ

$\frac{1}{4}$，$\frac{3}{8}$などの数を分数といいます。分数の，線の下の数を分母，線の上の数を分子といいます。分母は，もとの大きさをいくつに分けたかを表し，分子はその何こ分かを表します。$\frac{1}{4}$ …分子 …分母

1 右の図のように，ジュースが入っている入れ物が2つあります。ジュースはあわせて何Lありますか。

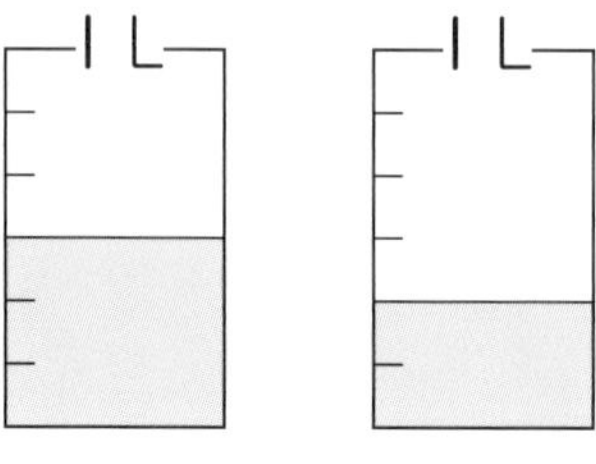

式

答え（　　　　　）

2 牛にゅうを，きのう$\frac{2}{9}$L，今日$\frac{4}{9}$L飲みました。あわせて何L飲みましたか。

式

答え（　　　　　）

3 リボンを，きのう$\frac{4}{7}$m，今日$\frac{3}{7}$m使いました。あわせて何m使いましたか。

式

$\frac{7}{7}$mは1mを7等分した7こ分の長さだから，1mと同じ長さだね。

答え（　　　　　）

ポイント 分母が同じ分数のたし算は，分母はそのままで，分子どうしをたします。

② 分数のひき算の問題

きほんのワーク

やってみよう

☆ $\frac{5}{6}$ m のテープから $\frac{2}{6}$ m のテープを切り取ると，のこりは何 m ですか。

とき方 式は $\frac{5}{6}-\frac{2}{6}$ です。

$\frac{5}{6}$ m は $\frac{1}{6}$ m の □ こ分，

$\frac{2}{6}$ m は $\frac{1}{6}$ m の □ こ分，

ちがいは $\frac{1}{6}$ m の(5－2)こ分だから，

$\frac{5}{6}-\frac{2}{6}=\frac{□}{□}$ になります。

答え □ m

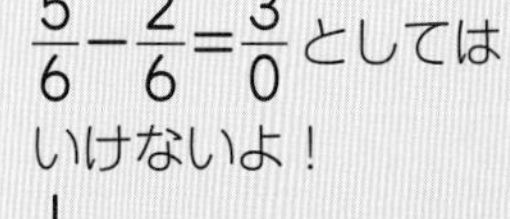

1 赤いリボンが $\frac{6}{7}$ m，白いリボンが $\frac{4}{7}$ m あります。2 本のリボンの長さのちがいは何 m ですか。

式

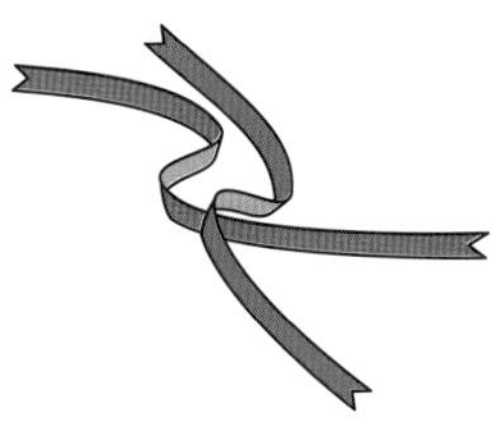

答え (　　　)

2 ジュースが大きいびんに $\frac{7}{8}$ L，小さいびんに $\frac{4}{8}$ L 入っています。かさのちがいは何 L ですか。

式

答え (　　　)

3 油(あぶら)が 1 L あります。そのうち $\frac{3}{9}$ L 使うと，のこりの油は何 L になりますか。

式

1 L は，$\frac{1}{9}$ L が 9 こ分のかさだから，$\frac{9}{9}$ L と考えるよ。

答え (　　　)

ポイント 分母が同じ分数のひき算は，分母はそのままで，分子どうしをひきます。

勉強した日　月　日

まとめのテスト①

時間 20分

とく点　/100点

答え 12ページ

1 よく出る 赤いペンキを $\frac{2}{6}$L，白いペンキを $\frac{3}{6}$L 使(つか)いました。あわせて何Lのペンキを使いましたか。　1つ10〔20点〕

式

答え（　　　　）

2 よく出る 青いリボンの長さは $\frac{4}{5}$m で，ピンクのリボンの長さは青いリボンより $\frac{1}{5}$m 長いそうです。ピンクのリボンの長さは何mですか。　1つ10〔20点〕

式

答え（　　　　）

3 びんにしょう油(ゆ)が $\frac{8}{9}$L 入っています。$\frac{4}{9}$L 使うとのこりは何Lですか。

式　1つ10〔20点〕

答え（　　　　）

4 $\frac{7}{8}$m のロープがあります。そのうち，はじめに $\frac{3}{8}$m，次(つぎ)に $\frac{2}{8}$m 使いました。

❶ 使ったロープの長さは，あわせて何mですか。　1つ10〔40点〕

式

答え（　　　　）

❷ のこったロープの長さは何mですか。

式

答え（　　　　）

チェック✔
□分数でも，整数(せいすう)や小数と同じようにたし算ができたかな？
□分数でも，整数や小数と同じようにひき算ができたかな？

まとめのテスト②

とく点

/100点

答え 12ページ

1 家から駅までの道のりは $\frac{3}{7}$km，駅から学校までの道のりは $\frac{2}{7}$km です。家から駅の前を通って学校へ行くときの道のりは何km ですか。　1つ10〔20点〕

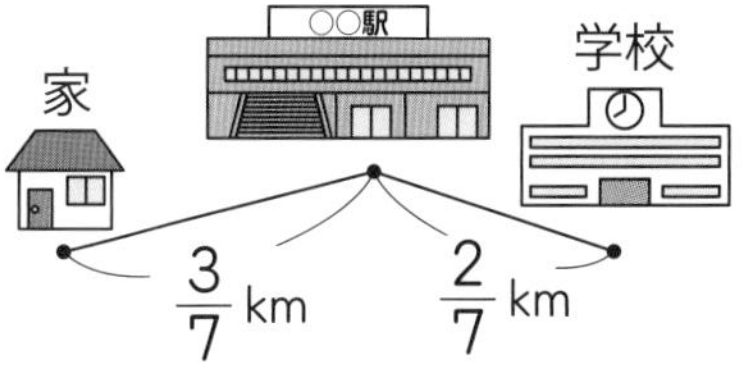

式

答え（　　　　）

2 よく出る 油が，2本のびんにそれぞれ $\frac{4}{8}$L と $\frac{3}{8}$L 入っています。かさのちがいは何L ですか。　1つ10〔20点〕

式

答え（　　　　）

3 $\frac{4}{6}$m のテープと $\frac{2}{6}$m のテープがあります。テープはあわせて何m ありますか。　1つ10〔20点〕

式

答え（　　　　）

4 みさこさんのリボンは１m で，あきこさんのリボンより $\frac{2}{9}$m 長いそうです。あきこさんのリボンは何m ですか。　1つ10〔20点〕

式

答え（　　　　）

チャレンジ! **5** $\frac{7}{10}$L の水が入った大きいびんが１本，$\frac{3}{10}$L の水が入った小さいびんが２本あります。大きいびんの水のかさと，小さいびん２本分の水のかさのちがいは何L ですか。　1つ10〔20点〕

式

答え（　　　　）

□ 分母が同じ分数では，分母はそのままで，たし算では分子どうしをたし，ひき算では分子どうしをひくことがわかったかな？

① 重さのたんいの問題 きほんのワーク

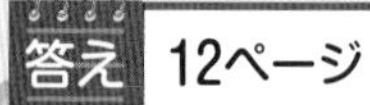

やってみよう

☆ 1円玉1この重さ(おも)は1gです。1円玉400この重さは何gですか。また，1000この重さは何kgですか。

とき方 1こ ⟶ 1g

400こ ⟶ □g

1000こ ⟶ 1000g=□kg

答え 400こ □g 1000こ □kg

たいせつ
重さのたんいには，
g(グラム)，kg(キログラム)，
t(トン)があります。
1kg=1000g
1t=1000kg

1 1円玉1この重さは1gです。

❶ 1円玉870この重さは何gですか。

（　　　）

1000gは1kgだね。

❷ 1円玉2065この重さは何kg何gですか。

（　　　）

2 本10さつ分の重さは3kg420gでした。これは何gですか。

（　　　）

3 1こ280gのりんごが10こあります。このとき，全部(ぜんぶ)で重さは何kg何gになりますか。

（　　　）

4 あるトラックにつめる荷物(にもつ)の重さは5000kgです。これは何tですか。

（　　　）

1000kgは1tだよ。

ポイント 1kg=1000g，1t=1000kgをしっかりおぼえましょう。

② はかりをよむ問題
きほんのワーク

答え 12ページ

やってみよう

☆図かんの重さをはかると，下のようになりました。図かんの重さは何kg何gですか。

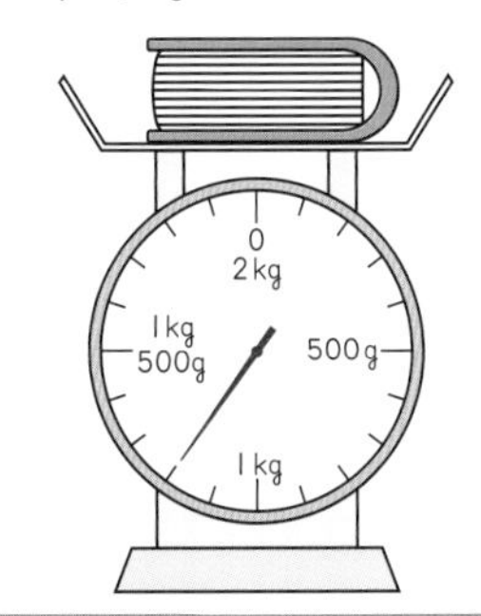

とき方 重さをはかるには，はかりを使います。はかりのいちばん小さい1めもりは，100gを表しているので，図かんの重さは1kg［　　］gです。

<はかりの使い方>

1 はかりを平らな所におく。
2 何gまではかれるか調べる。
3 いちばん小さい1めもりが，何gを表しているか調べる。
4 はりが0をさすようにする。
5 めもりは正面からよむ。

答え ［　　］kg［　　］g

1 校庭にあった石の重さをはかりではかると，右のようになりました。石の重さは何gですか。

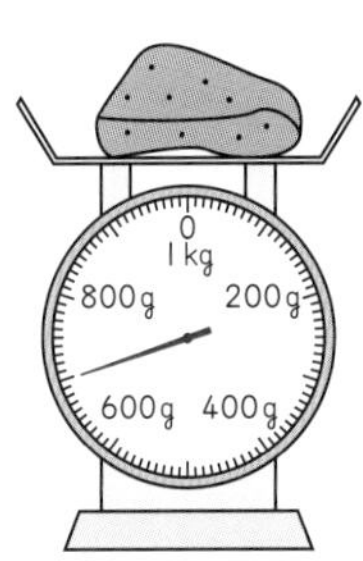

いちばん小さい1めもりは，何gを表しているのかな。

（　　　　　）

2 下のはかりのめもりのいちばん小さい1めもりは，何gですか。また，はりのさしている重さは何kg何gですか。

❶
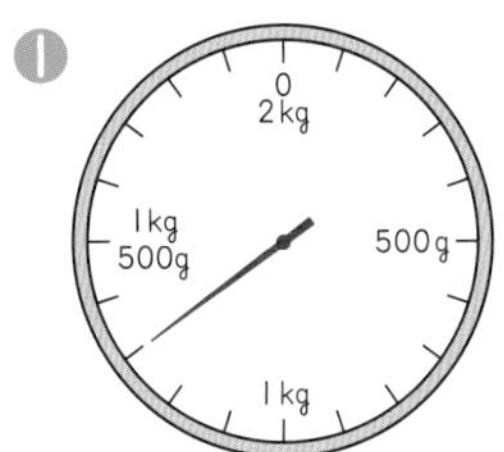

❷

❸

❹
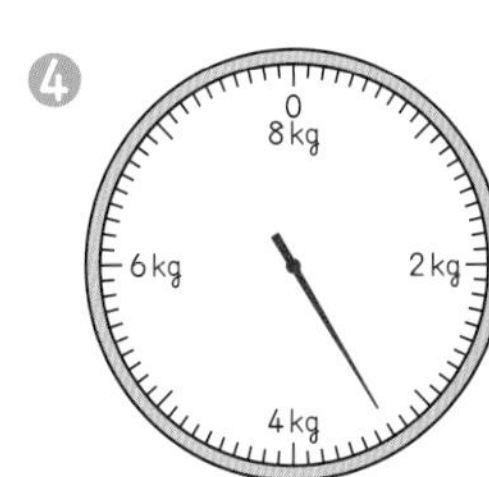

❶（　　　　，　　　　）　❷（　　　　，　　　　）

❸（　　　　，　　　　）　❹（　　　　，　　　　）

ポイント まず，いちばん小さい1めもりが何gを表しているか調べてから，めもりをよみます。

③ 重さの計算（たし算）の問題

きほんのワーク

答え 12ページ

やってみよう

☆重さ 280 g の箱に，1 kg 500 g のなしを入れます。全体の重さは何 kg 何 g になりますか。

とき方 全体の重さをもとめるので，たし算で計算します。

280g　1kg500g

□kg□g

280g＋1kg500g＝1kg［　　］g

答え［　］kg［　］g

1 1kg125g のにんじんと 3kg475g のじゃがいもがあります。重さはあわせて何kg 何g になりますか。

式

答え（　　　　）

2 重さ 150g の皿の上に，ぶどうを 970g のせます。全体の重さは何kg 何g になりますか。

答え（　　　　）

3 牛肉が 750g あります。あとから 280g ふやすと，重さはあわせて何kg 何g になりますか。

式

答え（　　　　）

重さも，たし算やひき算をすることができます。同じたんいの重さどうしを計算します。

④ 重さの計算（ひき算）の問題

きほんのワーク

答え 12ページ

やってみよう

☆かばんに360gの本を入れて重さをはかると，2kgありました。かばんの重さは何kg何gですか。

とき方 かばんの重さは，ひき算で計算します。

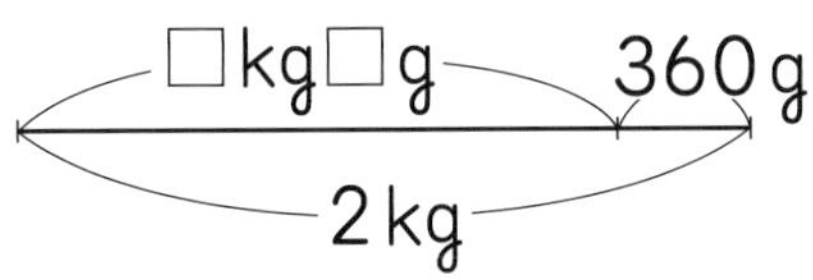

《1》2kg−360g=[　　]g−360g=1640g=[　　]kg[　　]g

《2》2kg−360g=1kg1000g−[　　]g=[　　]kg[　　]g

答え [　　]kg[　　]g

1 75gのかごにみかんを入れて重さをはかったら，920gになりました。みかんの重さは何gですか。

式

答え（　　　　　）

2 5kgの米を1か月間使（つか）ったあと，のこりの米の重さをはかったら，1kg350gでした。何kg何gの米を使いましたか。

式

答え（　　　　　）

3 たけしさんの体重（じゅう）は28kg500g，さとしさんの体重は30kg200gです。2人の体重は何kg何gちがいますか。

式

答え（　　　　　）

ポイント 重さの計算をするときは，たんいをそろえることが大切です。

答え 12ページ

1 1まいの重(おも)さが1gのはがきがあります。このはがき2739まいでの重さは何kg何gですか。〔20点〕

（　　　　）

2 右の2つのはかりで，それぞれのはりのさしている重さをよみます。重さは何gちがいますか。 1つ10〔20点〕

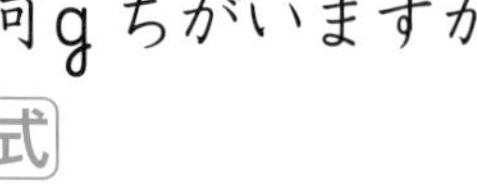

式

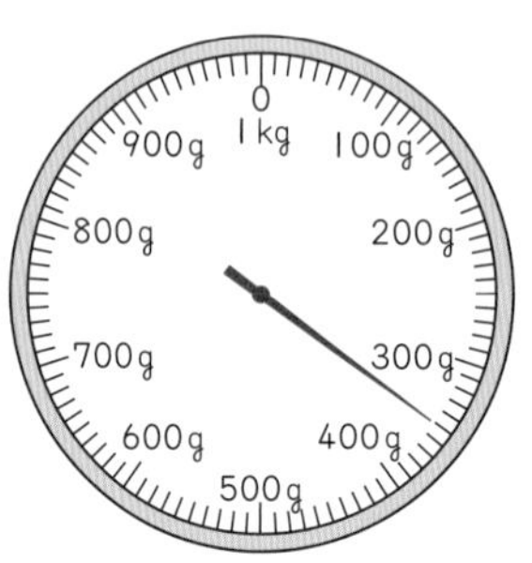

答え（　　　　）

3  よく出る 250gのトレイになしをのせて重さをはかったら1kg40gになりました。なしの重さは何gですか。 1つ10〔20点〕

式

答え（　　　　）

4 1kg875gの国語じてんと2kg420gの虫の図かんがあります。 1つ10〔40点〕

❶ 2さつの本の重さはあわせて何kg何gになりますか。

式

答え（　　　　）

❷ どちらが何g重いですか。

式

答え（　　　　）

□はかりのはりのさしている重さをよめたかな？
□重さのたし算やひき算ができたかな？

まとめのテスト②

答え 13ページ

1 よく出る ガラスの皿(さら)の重さをはかると，左のようになりました。　1つ8〔24点〕

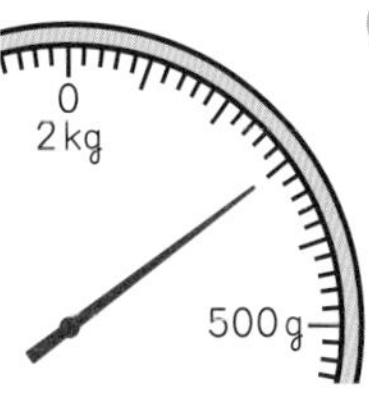

❶ 皿の重さは何gですか。

(　　　　　)

❷ この皿にさとうをのせて重さをはかると，1kg200gになりました。何gのさとうをのせましたか。

式

答え(　　　　　)

2 ひろしさんの体重(じゅう)は，お父さんの体重より42kg軽(かる)いそうです。ひろしさんの体重が29kgのとき，お父さんの体重は何kgですか。　1つ10〔20点〕

式

答え(　　　　　)

3 ゆきなさんは，ランドセルに本を入れて重さをはかりました。ランドセルの重さは1kg350gです。　1つ9〔36点〕

❶ 全(ぜん)体の重さはちょうど2kgでした。入れた本の重さは何gですか。

式

答え(　　　　　)

❷ ランドセルと中に入れた本の重さをくらべると，どちらが何g重いですか。

式

答え(　　　　　)

チャレンジ! **4** 1台900kgの自動(どう)車が10台あります。10台分の重さは何tになりますか。　1つ10〔20点〕

式

答え(　　　　　)

□重さのたんいのg，kg，tの関係(かんけい)がわかったかな？
□ちがうたんいで表(あらわ)された重さの計算のしかたがわかったかな？

① (2けた)×(何十)の問題

きほんのワーク

答え 13ページ

やってみよう

☆1こ68円の消しゴムを40こ買います。代金はいくらですか。

とき方 40こ分の代金をもとめるので，かけ算で計算します。式は

68×40＝□で，

筆算は，右のようにします。

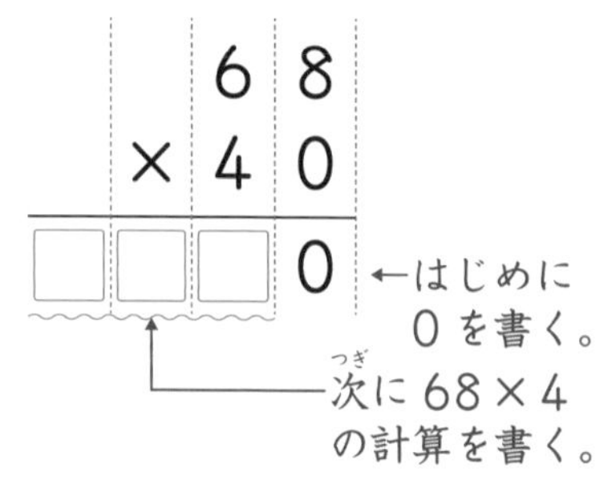

1 36本のジュースが入っている箱が60箱あります。ジュースは全部で何本ありますか。

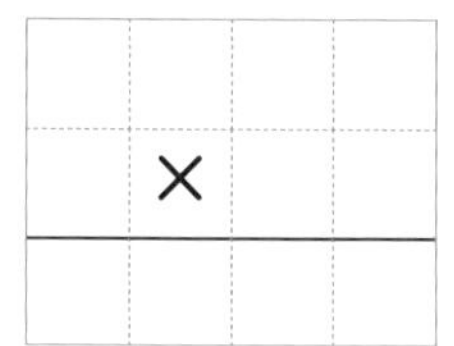

式

答え（　　　　）

2 工作にかかるお金を，1人89円ずつ30人分集めます。全部でいくらになりますか。

式

答え（　　　　）

3 48まいを1たばにした画用紙が90たばあります。画用紙は全部で何まいありますか。

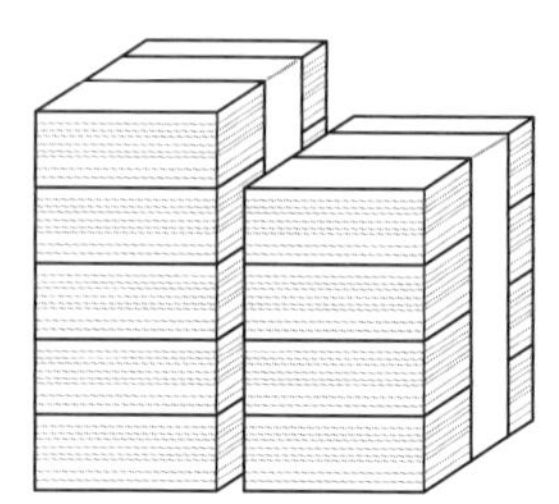

式

答え（　　　　）

ポイント かける数が「何十」のときは，0をかける計算の部分をはぶくと，筆算がかんたんになります。

② (2けた)×(2けた)の問題

きほんのワーク

答え 13ページ

やってみよう

☆72円のみかんを26こ買います。代金はいくらですか。

とき方 26こ分の代金をもとめるので，かけ算で計算します。
式は 72×26＝□で，
筆算は，右のようにします。

		7	2	
	×	2	6	
	□	□	□	←72×6
□	□	□	0	←72×20
□	□	□	□	←たし算をする。

0は，書かなくていいんだよ。

答え □円

1 42このチョコレートが入っている箱が68箱あります。チョコレートは全部で何こありますか。

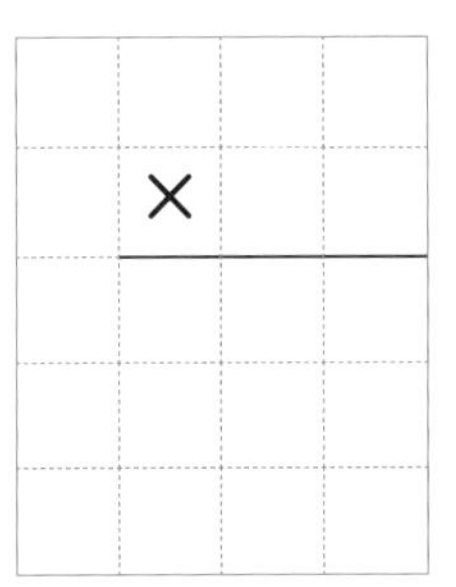

式

答え（　　　）

2 色紙を1人に35まいずつ配(くば)ります。87人の子どもに配るには，色紙は何まいあればよいですか。

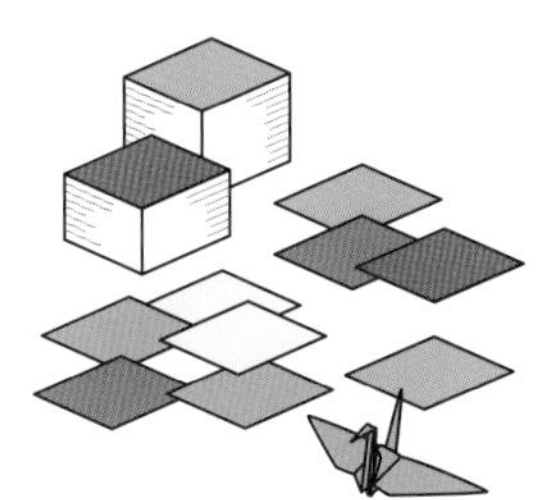

式

答え（　　　）

3 1本94円のえん筆(ぴつ)を53本買います。代金はいくらですか。

式

答え（　　　）

ポイント 計算を筆算でするときは，これまでと同じように，一の位(くらい)からじゅんにていねいに計算します。

③ (3けた)×(2けた)の問題(1)

きほんのワーク

答え 13ページ

やってみよう

☆1こ157円のりんごを12こ買います。代金(だい)はいくらですか。

とき方　12こ分の代金をもとめるので，かけ算で計算します。式(しき)は157×12＝□で，筆算(ひっさん)は，右のようにします。

		1	5	7	
×			1	2	
		□	□	□	←157×2
	□	□	□		←157×10
	□	□	□	□	←たし算をする。

答え □円

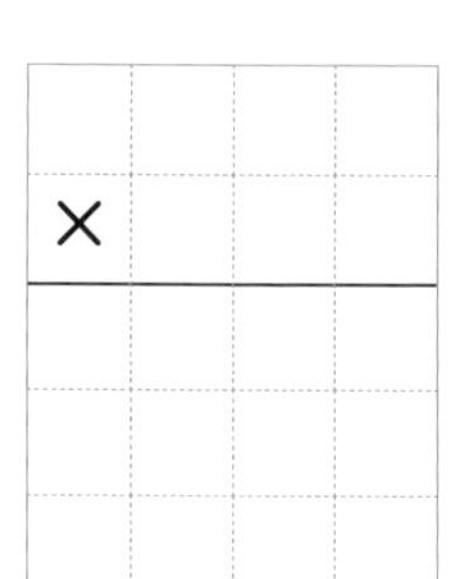

1 215まいが1組になったシールが37組あります。シールは全部(ぜんぶ)で何まいありますか。

×			

式

答え（　　　）

2 145cmのリボンを1本ずつ29人に配(くば)ります。リボンは全部で何m何cmいりますか。

式

答え（　　　）

3 1m679円のぬのを18m買います。代金はいくらですか。

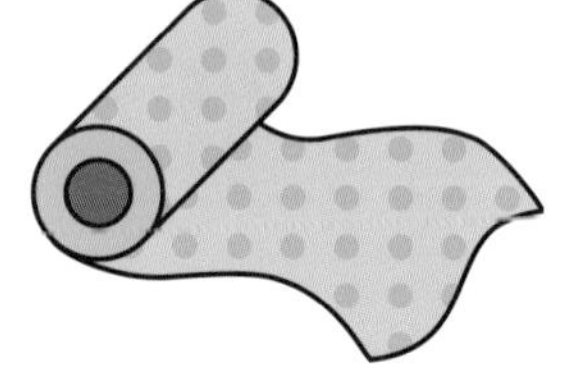

式

答え（　　　）

ポイント　くり上げた数をたすのをわすれないようにします。

④ (3けた)×(2けた)の問題(2)

きほんのワーク

答え 13ページ

やってみよう

☆ | 分間に 105 まいの紙をいんさつするきかいがあります。このきかいは，| 時間 15 分に何まいの紙をいんさつすることができますか。

とき方　| 時間 15 分＝□分より，75 分間にいんさつできるまい数をもとめるので，かけ算で計算します。式は 105×75＝□で，筆算は，右のようにします。

		1	0	5
×			7	5
		□	□	□	← 105×5
	□	□	□		← 105×70
	□	□	□	□	←たし算をする。

| 時間 15 分は 75 分だね。

答え □ まい

1 804 この部品(ぶひん)が入っている箱(はこ)が 73 箱あります。部品は全部で何こありますか。

式

答え (　　　　)

2 | 日に 640 このせい品を作る工場があります。先月は 24 日間せい品を作ったそうです。先月に作ったせい品は何こになりますか。

式

答え (　　　　)

3 50 まいを | たばにしたコピー用紙が 134 たばあります。コピー用紙は全部で何まいありますか。

式

かける数とかけられる数を入れかえて計算するといいのね。

答え (　　　　)

かけられる数が 3 けたの数で，十の位(くらい)の数が 0 になっているかけ算の筆算は，九九の答えをそのままじゅんに書いていくことになります。

勉強した日　月　日

まとめのテスト①

答え 13ページ

1 12このクッキーが入っている箱(はこ)が90箱あります。クッキーは全部(ぜんぶ)で何こありますか。　1つ10〔20点〕

式

答え（　　　　）

2 よく出る 36まいを1たばにした色紙が29たばあります。色紙は全部で何まいありますか。　1つ10〔20点〕

式

答え（　　　　）

3 1こ739円のおかしを40こ買うと，代金(だいきん)はいくらですか。　1つ10〔20点〕

式

答え（　　　　）

4 105このおはじきが入っているふくろが54ふくろあります。おはじきは全部で何こありますか。　1つ10〔20点〕

式

答え（　　　　）

5 800まいを1たばにした画用紙が63たばあります。画用紙は全部で何まいありますか。　1つ10〔20点〕

式

答え（　　　　）

□何十の数をかける計算ができたかな？
□2けたの数をかける計算ができたかな？

答え 14ページ

1 よく出る 48本のえん筆(ぴつ)が入っている箱が12箱あります。えん筆は全部で何本ありますか。　1つ10〔20点〕

式

答え（　　　）

2 62このみかんが入っている箱が80箱あります。みかんは全部で何こありますか。　1つ10〔20点〕

式

答え（　　　）

3 絵の具(ぐ)を買うために，1人543円ずつ集(あつ)めます。57人から集めると，全部でいくらになりますか。　1つ10〔20点〕

式

答え（　　　）

4 1こ472円の記ねん品(ひん)を，90人に1こずつ配(くば)ります。記ねん品の代金は全部でいくらですか。　1つ10〔20点〕

式

答え（　　　）

5 50円のあめを206こ買います。代金はいくらですか。　1つ10〔20点〕

式

答え（　　　）

□ かける数に0があるとき，くふうして計算できたかな？
□ (3けた)×(2けた)の問題(もんだい)をとくことができたかな？

勉強した日　　月　　日

まとめのテスト①

時間20分

とく点　　/100点

答え 14ページ

1 みおさんは，12まいを1たばにした色紙を3たば持っています。お姉さんは，みおさんより7まい多く色紙を持っています。お姉さんは，何まい持っていますか。

式　　1つ10〔20点〕

答え（　　　　）

2 まさしさんは友だちと6人で，54このチョコレートを同じ数ずつ分けました。まさしさんは，そのうちの5こを食べました。まさしさんのチョコレートは何このこっていますか。　　1つ10〔20点〕

式

答え（　　　　）

3 1本80円のえん筆7本と，1こ60円の消しゴム3こを買います。代金は全部でいくらですか。　　1つ10〔20点〕

式

答え（　　　　）

4 2mのテープから，1本15cmのテープを9本切り取りました。テープは何cmのこっていますか。　　1つ10〔20点〕

式

答え（　　　　）

5 1こ180円のパンを，1こにつき20円安くなっているので，6こ買うことにしました。代金はいくらですか。　　1つ10〔20点〕

式

答え（　　　　）

□問題文から，何をもとめればよいかわかったかな？
□はじめにもとめるものは何かわかったかな？

勉強した日　　月　　日

まとめのテスト②

答え 14ページ

1 1mのテープがあります。そこから，62mmのテープを14本切り取ると，テープは何mmのこりますか。　1つ10〔20点〕

式

答え（　　　　　）

2 りんごが23こ入っている箱（はこ）が6箱と，なしが18こ入っている箱が9箱あります。りんごとなしの数は，何こちがいますか。　1つ10〔20点〕

式

答え（　　　　　）

3 69本の赤いバラは3本ずつの花たばに，80本の白いバラは4本ずつの花たばにします。花たばは，あわせて何たばできますか。　1つ10〔20点〕

式

答え（　　　　　）

4 1まい230円のハンカチ3まいとノート1さつを買ったときの代金は，850円でした。ノート1さつのねだんはいくらですか。　1つ10〔20点〕

式

答え（　　　　　）

5 カードが何まいかあります。このカードを14まいずつ10人に分けたら，7まいのこりました。はじめにカードは何まいありましたか。　1つ10〔20点〕

式

答え（　　　　　）

□たし算・ひき算・かけ算・わり算のどれを使（つか）えばいいかわかったかな？
□1つずつていねいに計算できたかな？

① 二等辺三角形と正三角形の問題

きほんのワーク

答え 14ページ

やってみよう

☆右の図の中から，二等辺三角形と正三角形をそれぞれえらびましょう。

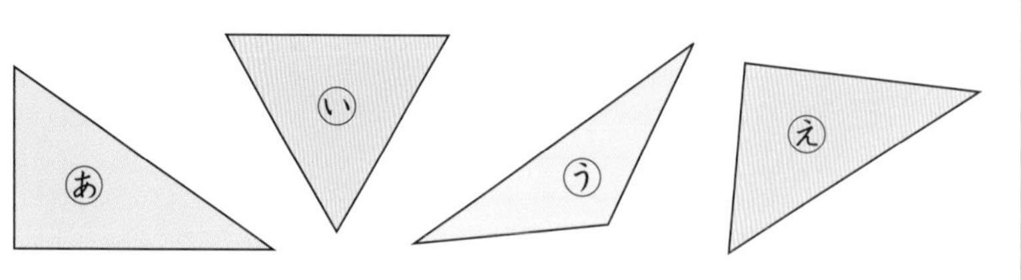

とき方 あ～えの三角形の辺の長さを，コンパスを使って調べます。

3つの辺の長さがちがう…あ，え
2つの辺の長さが等しい……う
3つの辺の長さが等しい……い

答え 二等辺三角形 □ 正三角形 □

たいせつ
2つの辺の長さが等しい三角形を，**二等辺三角形**といい，3つの辺の長さがどれも等しい三角形を，**正三角形**といいます。

1 下の図の中から，二等辺三角形と正三角形をそれぞれえらびましょう。

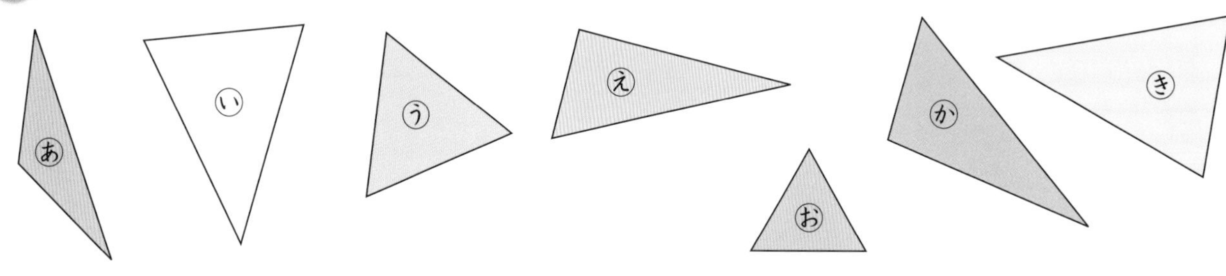

二等辺三角形（　　） 正三角形（　　）

2 下の図の三角形は，何という三角形ですか。

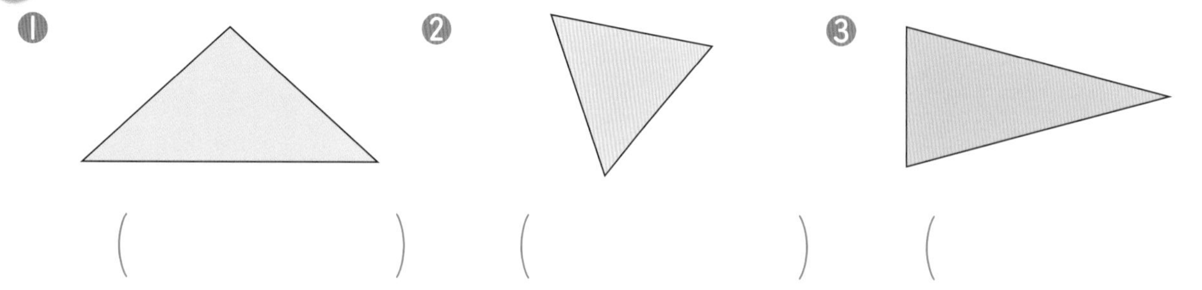

（　　）（　　）（　　）

3 次の三角形は，何という三角形ですか。

❶ 辺の長さが 10cm，10cm，7cm の三角形（　　）

❷ 辺の長さが 9cm，9cm，9cm の三角形（　　）

三角形の大きさやおかれているいちに関係なく，辺の長さを調べれば，二等辺三角形や正三角形を見つけることができます。

② 二等辺三角形と正三角形をかく問題

きほんのワーク

答え 14ページ

やってみよう

☆辺の長さが 3cm，3cm，4cm の三角形をかきましょう。

とき方 じょうぎとコンパスを使ってかきます。

<かき方のじゅんじょ>

1 4cm の辺をかく。

2 コンパスを 3cm の長さに開(ひら)き，4cm の辺の両(りょう)はしの点をそれぞれ中心にして，円をかいて，それが交わる点を決(き)める。

3 4cm の辺の両はしの点と2の点をそれぞれむすぶ。

答え

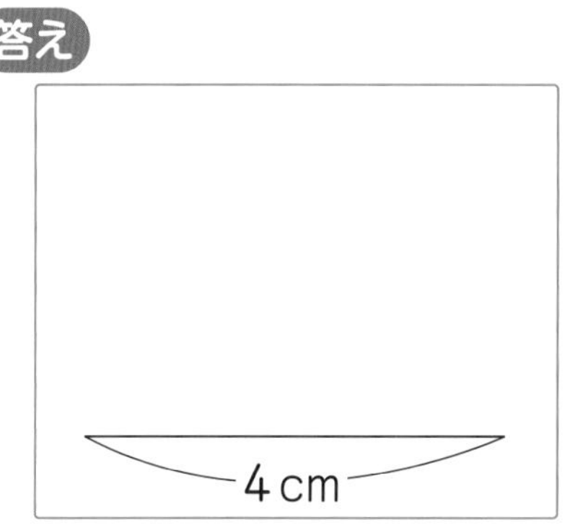

1 次の三角形をかきましょう。

❶ 辺の長さが 2cm，4cm，4cm の二等辺三角形

❷ 1 辺(へん)の長さが 3cm の正三角形

❸ 辺の長さが 5cm，5cm，4cm の二等辺三角形

2 下の図は，半径(はんけい) 2cm の円です。円のまわりに 2 つの点を決め，中心の点とむすんで，次の三角形を 1 つかきましょう。

❶ 1 辺が 2cm の正三角形

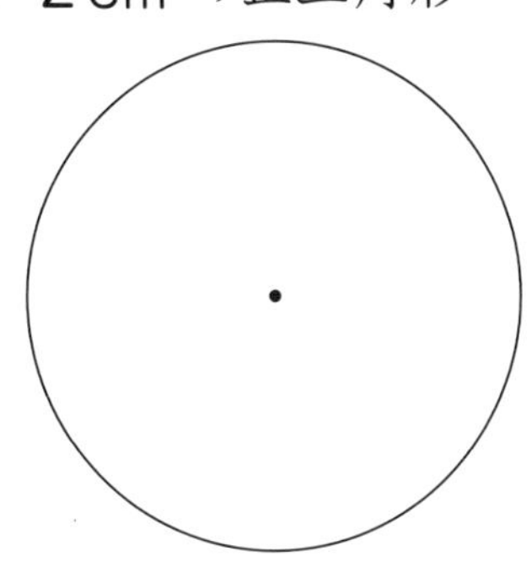

❷ 辺の長さが 3cm，2cm，2cm の二等辺三角形

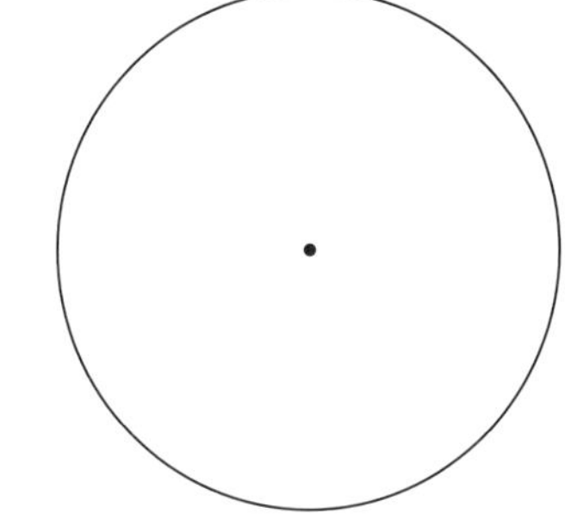

ポイント 二等辺三角形には長さの等しい辺が 2 つ，正三角形には長さの等しい辺が 3 つあります。

③ 三角形と角の問題

きほんのワーク

答え 15ページ

やってみよう

☆右の３つの角の中で，いちばん大きい角はどれですか。また，いちばん小さい角はどれですか。

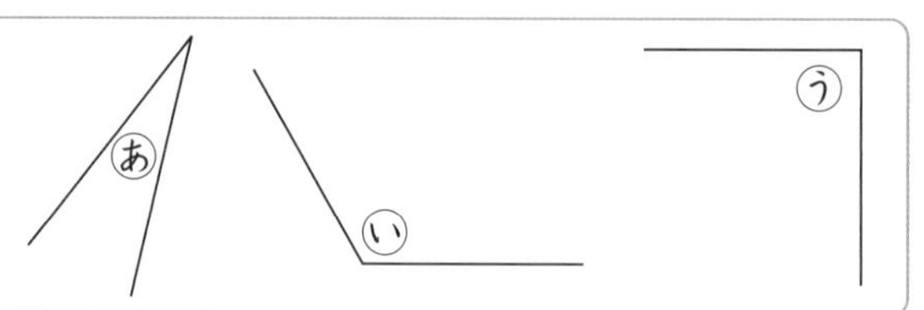

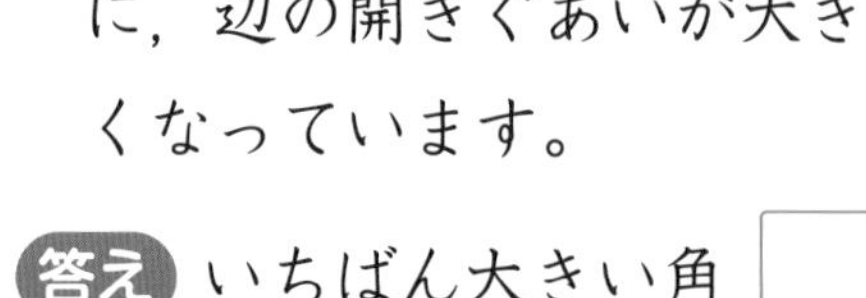

とき方 あ，う，いのじゅんに，辺(へん)の開(ひら)きぐあいが大きくなっています。

答え いちばん大きい角 □

いちばん小さい角 □

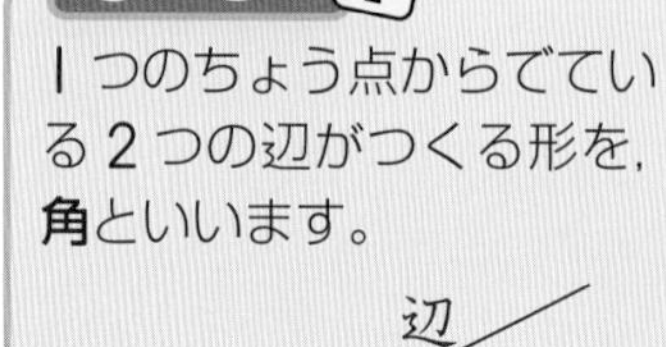

たいせつ

１つのちょう点からでている２つの辺がつくる形を，**角**といいます。

1 下の図で，あ～えの角を，大きさの小さいじゅんに記号(ごう)で答えましょう。

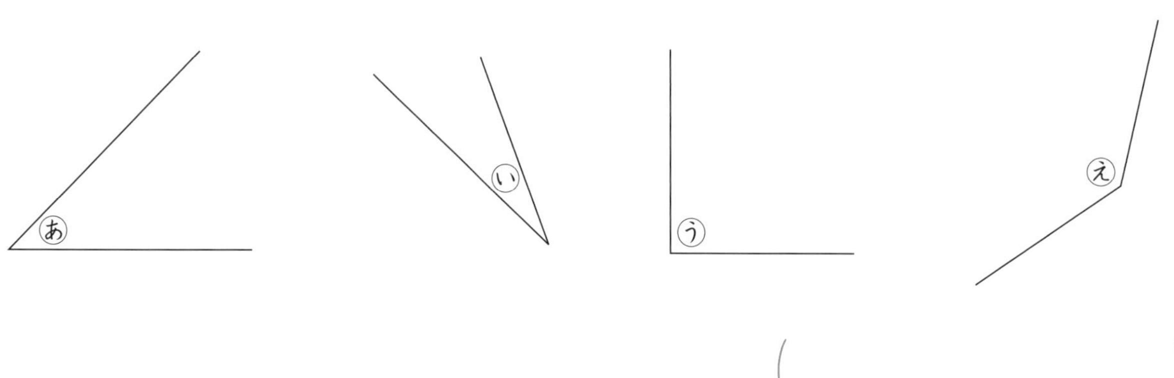

（　　　　　）

2 下の図のように，三角じょうぎを２まいならべると，それぞれ何という三角形ができますか。

❶

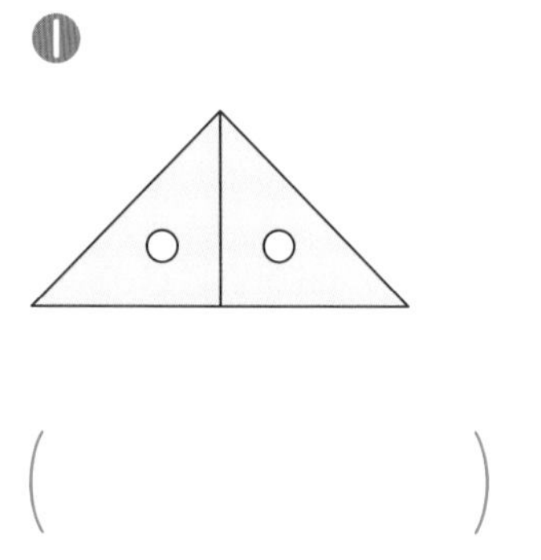

（　　　　　）

❷

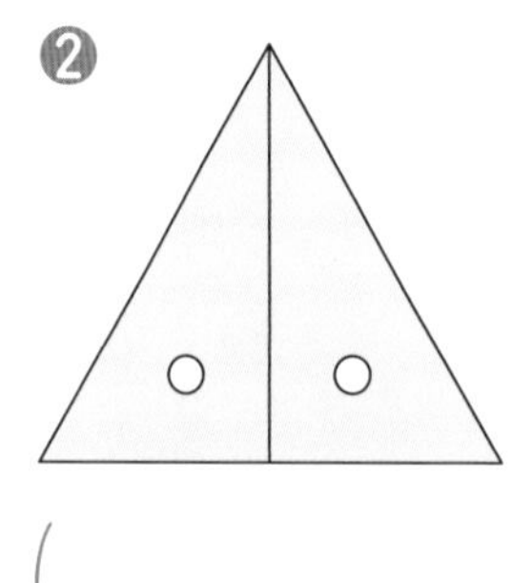

（　　　　　）

❸

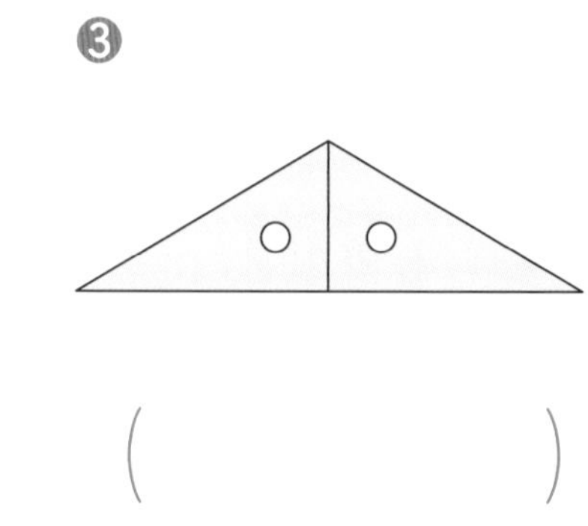

（　　　　　）

角の大きさ

二等辺三角形(にとうへんさんかくけい)では，２つの角の大きさが等(ひと)しくなっています。
正三角形では，３つの角の大きさがすべて等しくなっています。

ポイント 角の大きさは，２つの辺の開きぐあいだけで決(き)まります。

まとめのテスト

とく点　/100点

答え 15ページ

1 よく出る 下のあ～かの三角形の辺の長さを調べて，二等辺三角形には○を，正三角形には△を，どちらでもないものには×をつけましょう。　1つ6〔36点〕

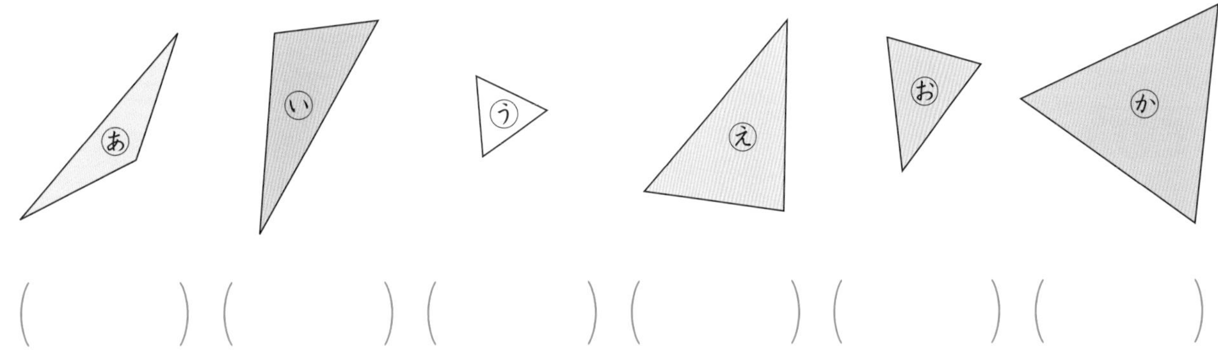

（　　）（　　）（　　）（　　）（　　）（　　）

2 下の三角じょうぎで，あ～えの角の大きさを，大きいじゅんに記号で答えましょう。　〔14点〕

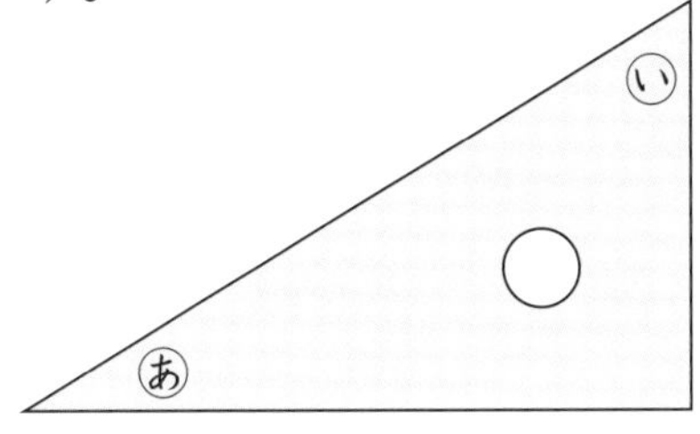

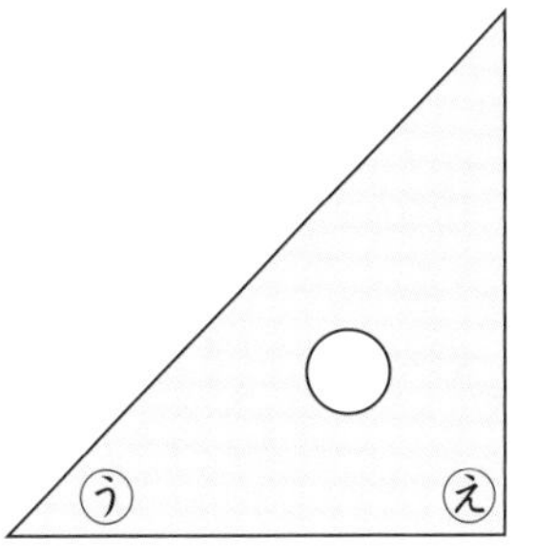

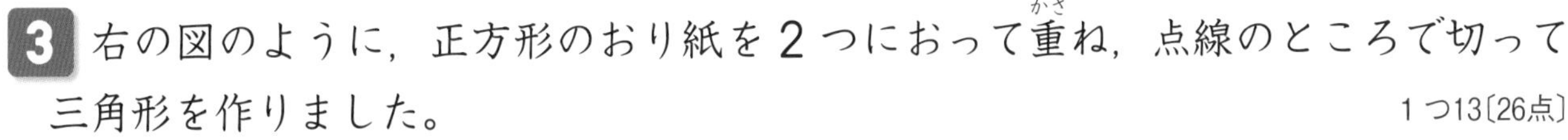

（　　）

3 右の図のように，正方形のおり紙を2つにおって重(かさ)ね，点線のところで切って三角形を作りました。　1つ13〔26点〕

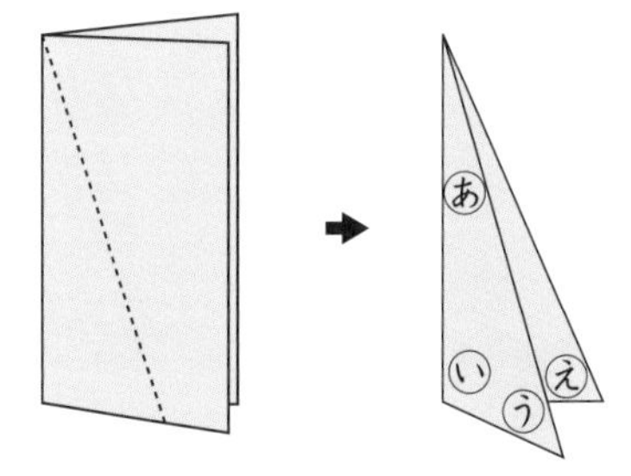

❶ おったところを開くと，どんな三角形ができていますか。　（　　）

❷ あ～えの角のうち，大きさが等しい角はどれとどれですか。　（　　）

4 右の図は，正三角形を2まい重ねて，線をひいたものです。この中に，正三角形と二等辺三角形はそれぞれ何こありますか。　1つ12〔24点〕

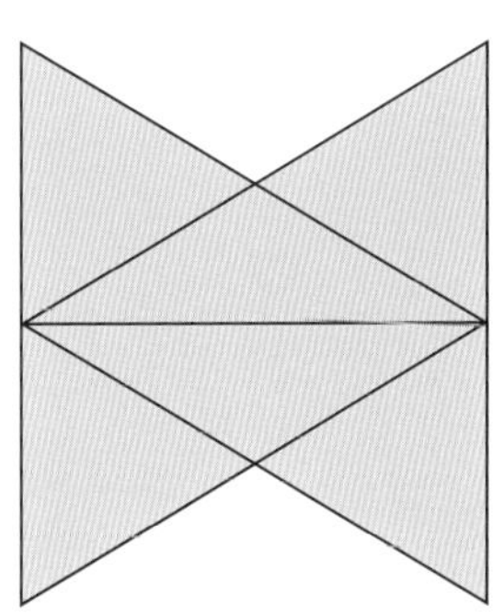

正三角形（　　）

二等辺三角形（　　）

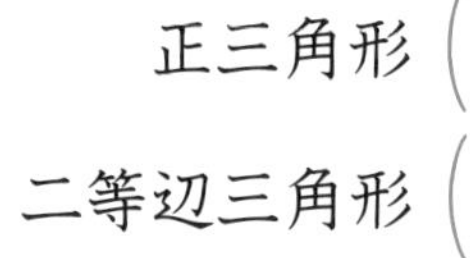

□二等辺三角形と正三角形のちがいやせいしつをいえるかな？
□三角じょうぎの角のいちと大きさをおぼえているかな？

① 式の表し方（たし算ひき算）を考える問題（1）

きほんのワーク

答え 15ページ

やってみよう

☆ゆみさんは，おはじきを 36 こ持っています。何こかもらったので，全部で 54 こになりました。もらったおはじきの数を□ことして，たし算の式に表し，□にあてはまる数をもとめましょう。

とき方　ことばの式や図に表して考えます。

持っていた数　＋　もらった数　＝　全部の数

36　＋　□　＝　[　]

□にあてはまる数は，□にいろいろな数をあてはめて見つけるか，下の図を考えて，ひき算でもとめます。

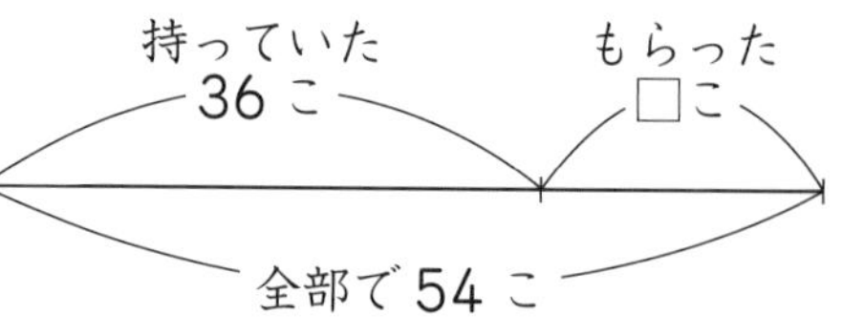

□＝54－36

□＝[　]　　答え [　]

1 わからない数を□として，たし算の式に表し，□にあてはまる数をもとめましょう。

❶ はとが公園に 28 羽います。そこへ何羽かとんで来たので，はとは全部で 42 羽になりました。

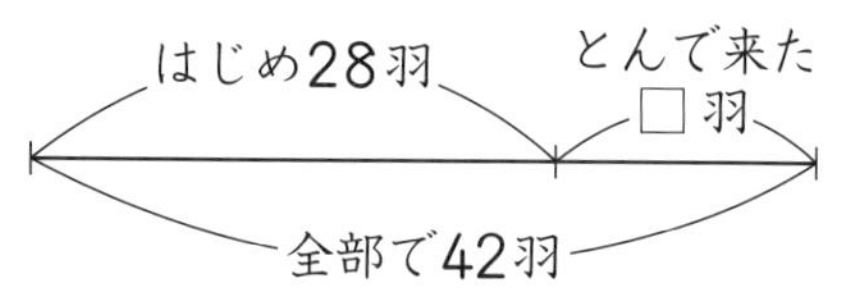

式（　　　　）

答え（　　　　）

❷ たいちさんは，あめを何こか持っています。お兄さんから 4 こもらったので，全部で 19 こになりました。

❸ チューリップが，何本かさいています。さらに 8 本さいたので，さいているチューリップの数は，全部で 32 本になりました。

ポイント　わからない数があっても，□を使うと，問題のとおりに場面を式に表すことができます。

② 式の表し方（たし算 ひき算）を考える問題（2）

きほんのワーク

答え 15ページ

やってみよう

☆さとしさんは，ビー玉を何こか持っています。友だちに9こあげたら，のこりが27こになりました。持っていたビー玉の数を□ことして，ひき算の式に表し，□にあてはまる数をもとめましょう。

とき方 ことばの式や図に表して考えます。

持っていた数 － あげた数 ＝ のこりの数

□ － 9 ＝ 

□にあてはまる数は，□にいろいろな数をあてはめて見つけるか，下の図より，たし算でもとめます。

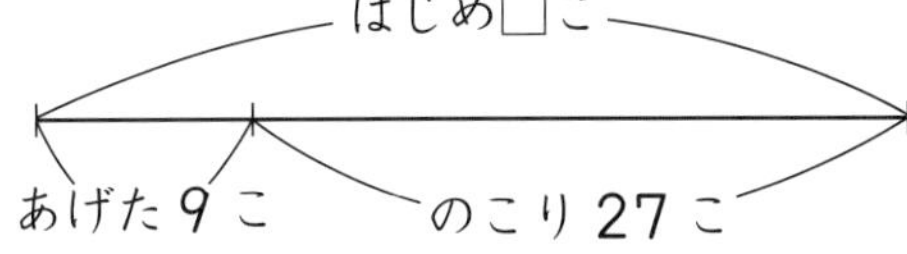

□＝9＋27

□＝

答え

1 わからない数を□として，ひき算の式に表し，□にあてはまる数をもとめましょう。

❶ 公園で何人かの子どもが遊(あそ)んでいます。11人帰ったので，のこっている子どもは16人になりました。

❷ あかねさんは，800円持っています。ケーキを買ったら，のこりは560円になりました。

❸ ジュースが450mLあります。何mLか飲(の)んだら，のこりは130mLになりました。

ポイント 問題をよく読んで，わからない数が何かをはっきりさせて，式を考えます。

③ 式の表し方（かけ算 わり算）を考える問題(1)

きほんのワーク

答え 15ページ

やってみよう

☆あめ８この代金は56円です。あめ１このねだんを□円として，かけ算の式に表し，□にあてはまる数をもとめましょう。

とき方 ことばの式や図に表して考えます。

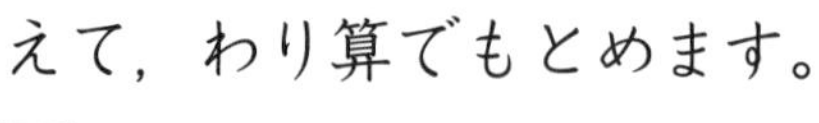

１このねだん × あめの数 ＝ 代金

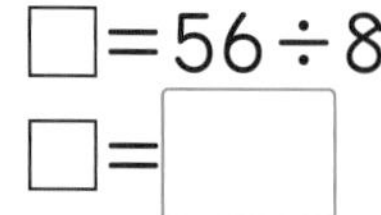

□ × ８ ＝ 

□にあてはまる数は，□にいろいろな数をあてはめて見つけるか，下の図を考えて，わり算でもとめます。

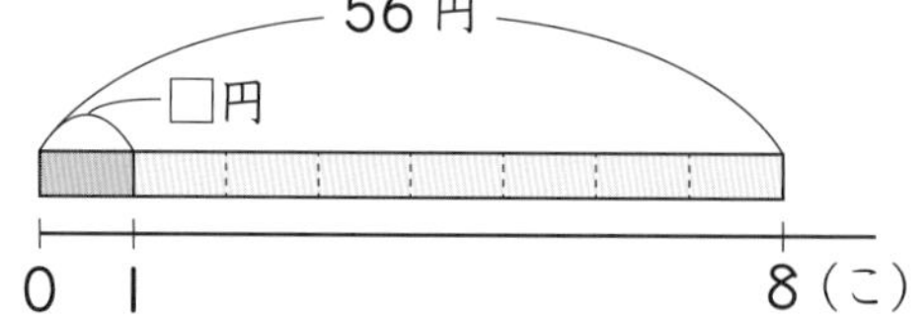

□＝56÷8

□＝　　　**答え**

1 わからない数を□として，かけ算の式に表し，□にあてはまる数をもとめましょう。

❶ 同じまい数ずつ，６人でシールを出しあったら，シールは全部で24まいになりました。

式（　　　　）

答え（　　　　）

❷ １こ９円のガムを何こか買うと，代金は63円になりました。

式（　　　　）

答え（　　　　）

❸ ５まいが１たばになった色紙を何たばか買ったら，色紙は全部で40まいになりました。

式（　　　　）

答え（　　　　）

わからない数を□として，かけ算の式に表します。□にあてはまる数は，わり算を使ってもとめます。

④ 式の表し方（かけ算わり算）を考える問題（2）

きほんのワーク

答え 15ページ

やってみよう

☆えん筆が何本かあります。３人で同じ数ずつ分けたら，１人分は７本になりました。はじめにあった本数を□本として，わり算の式に表し，□にあてはまる数をもとめましょう。

とき方 ことばの式に表して考えます。

はじめにあった本数 ÷ 人数 ＝ １人分の数

□ ÷ ３ ＝ □

意味を考えて，かけ算でもとめます。

□＝7×3

□＝□

答え □

1 わからない数を□として，わり算の式に表し，□にあてはまる数をもとめましょう。

❶ クッキーが何こかあります。８こずつ皿にのせたら，ちょうど６まいの皿にのせることができました。

式（　　　　　）

答え（　　　　　）

❷ ノートが27さつあります。同じ数ずつ何人かに配ったら，１人分は３さつになりました。

式（　　　　　）

答え（　　　　　）

❸ 28をある数でわったら，答えが４になりました。

式（　　　　　）

答え（　　　　　）

わからない数を□としてわり算の式に表します。□にあてはまる数は，意味を考えてかけ算やわり算を使ってもとめます。

勉強した日　月　日

まとめのテスト①

時間 20分

とく点　/100点

答え 16ページ

1 わからない数を□として，式に表し，□にあてはまる数をもとめましょう。

1つ10〔100点〕

❶ ポットに140mLの水が入っています。ここに水を何mLか入れたら，全部で800mLになりました。

式（　　　　　　）

答え（　　　　　　）

❷ バスに何人かの人が乗っています。あとから9人乗ってきたので，全部で25人になりました。

式（　　　　　　）

答え（　　　　　　）

❸ まさよさんは，シールを何まいか持っています。友だちに18まいあげたので，のこりは37まいになりました。

式（　　　　　　）

答え（　　　　　　）

❹ 同じねだんのシールが4まいあります。代金は48円でした。

式（　　　　　　）

答え（　　　　　　）

❺ じゃがいもが何こかあります。1人に4こずつ分けたら，あまることなく9人に分けることができました。

式（　　　　　　）

答え（　　　　　　）

チェック
□ わからない数を□として，たし算やひき算の式に表せたかな？
□ わからない数を□として，かけ算やわり算の式に表せたかな？

勉強した日　　月　　日

まとめのテスト②

答え 16ページ

1 わからない数を□として，式に表し，□にあてはまる数をもとめましょう。

1つ10〔100点〕

❶ ひろみさんは，カードを何まいか持っています。お姉さんに15まいもらったので，全部で32まいになりました。

式（　　　　　　　　）

答え（　　　　　　）

❷ まみさんは，リボンを77cm持っています。友だちに何cmかあげたら，のこりは53cmになりました。

式（　　　　　　　　）

答え（　　　　　　）

❸ かきが6こずつ入っているふくろが何ふくろかあります。かきの数は，全部で54こです。

式（　　　　　　　　）

答え（　　　　　　）

❹ まさとさんは，切手を27まい持っています。まさとさんの切手のまい数は，弟の切手のまい数の3倍(ばい)です。

式（　　　　　　　　）

答え（　　　　　　）

❺ 42このキャラメルを何人かで同じ数ずつ分けたら，1人分は7こになりました。

式（　　　　　　　　）

答え（　　　　　　）

チェック✔
□ ことばの式を考えることができたかな？
□ 式の意味(いみ)を考えて，□にあてはまる数をもとめることができたかな？

勉強した日　月　日

① 間の数を考える問題（植木算）

きほんのワーク

答え 16ページ

やってみよう

☆道にそって７ｍごとに木が植えてあります。１本目から１０本目まで走ると，何ｍ走ることになりますか。

とき方　木を・として，図に表して考えます。

７ｍ

木と木の間の数は，木の数より１少ないので，

１０－□＝□

１本めの木から１０本めの木までのきょりは，

７×□＝□

たいせつ

まっすぐな道などに木が植えてある場合は，

間の数＝植えてある木の数－１

になります。

答え　□ｍ

1 まるい形をした池のまわりに，くいが４ｍごとに，８本立っています。

❶ くいとくいの間の数はいくつですか。

（　　　）

❷ この池のまわりを１しゅうすると，何ｍになりますか。

式

答え（　　　）

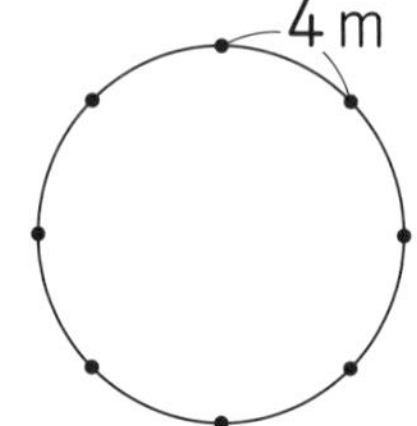

まるい場合は，くいの数＝間の数だね。

2 長さ４５ｍの道にそって，５ｍおきにはしからはしまで木を植えます。

❶ 木と木の間の数はいくつですか。

式

答え（　　　）

❷ 木は何本いりますか。

式

答え（　　　）

間の数＝はしからはしまでの長さ÷間の長さで，木の数は，間の数より１多いね。

3 まわりの長さが５４ｍの池のまわりに，くいを６ｍごとに立てて，さくを作ります。くいは何本いりますか。

式

答え（　　　）

ポイント　まっすぐな道などにはしからはしまで木が植えてある場合は，木の数は間の数よりも１多くなります。池のまわりなどまるい場合は，木の数は間の数と同じになります。

② 重なる部分を考える問題

きほんのワーク

答え 16ページ

やってみよう

☆つなぎめの長さを 2 cm にして，15 cm のテープを 2 本つなぎます。テープの長さは全体で何 cm になりますか。

とき方 15×2＝□

つないだテープの全体の長さは，重なるテープの分だけ短くなります。

30－□＝□

15cm　15cm　2cm

答え □cm

1 つなぎめの長さを全部 3cm にして，70cm のテープを 3 本つなぎます。テープの長さは全体で何cm になりますか。

式

答え（　　　）

2 たての長さが同じで，横の長さが 85cm の紙と 42cm の紙を横につないで，紙の横の長さを全体で 120cm にします。つなぎめの長さを何cm にすればよいですか。

式

答え（　　　）

3 右の図のように，1m のものさしを 2 本使って本だなの高さをはかったら，重なった部分の長さは 22cm になりました。この本だなの高さは何cm ですか。

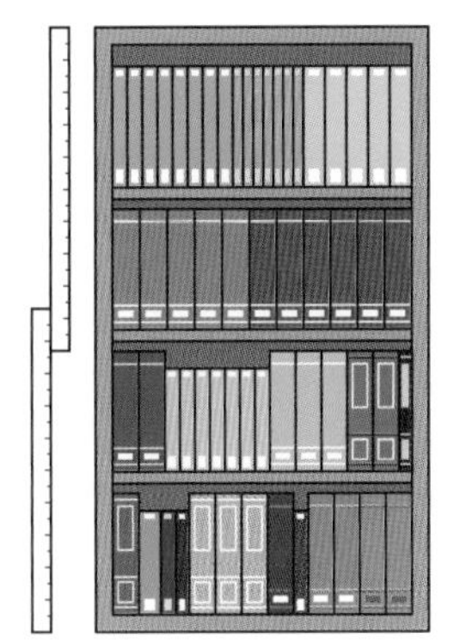

式

答え（　　　）

ポイント 全体の長さは，つなぎめの長さ×重なる部分の数だけ短くなります。

勉強した日　月　日

まとめのテスト①

答え 16ページ

1 なみえさんはまと当てをしましたが，8点のところには１回も当たりませんでした。8点のところのとく点は何点ですか。　1つ10〔20点〕

式

答え（　　　　）

2 えりかさんの家から駅(えき)までの道のりは600m，駅からおじさんの家までの道のりは１km700mです。えりかさんの家から駅の前を通って，おじさんの家まで行くときの道のりは何km何mですか。　1つ10〔20点〕

式

答え（　　　　）

3 とう油(ゆ)が5Lあります。1日目に2L600mL使(つか)い，2日目に1L500mL使いました。とう油は何mLのこっていますか。　1つ10〔20点〕

式

答え（　　　　）

4 26この荷物(にもつ)を１回に4こずつ運(はこ)びます。全部(ぜんぶ)の荷物を運ぶには，何回運べばよいですか。　1つ10〔20点〕

式

答え（　　　　）

5 250gのかごに同じ重(おも)さのおかしを10こ入れて，重さをはかったら850gありました。おかし１この重さは何gですか。　1つ10〔20点〕

式

答え（　　　　）

□0のかけ算や長さのたし算ができるかな？
□あまりを考えるわり算やふくざつな重さの計算ができるかな？

まとめのテスト②

答え 16ページ

1 35 このキャラメルを，1 人に 5 こずつ分けると，何人に分けられますか。

式　　1 つ10〔20点〕

答え（　　　　）

2 たかおさんは公園の中を 1 しゅう走るのに，1 分 14 秒(びょう)かかりました。お兄さんは，たかおさんより 17 秒短(みじか)かったそうです。お兄さんは何秒で 1 しゅう走りましたか。　　1 つ10〔20点〕

式

答え（　　　　）

3 ジュースが $\frac{8}{9}$ L あります。そのうち $\frac{2}{9}$ L 飲(の)みました。のこりは何 L ですか。

式　　1 つ10〔20点〕

答え（　　　　）

4 重さが 0.8 kg の入れ物(もの)に，1.4 kg のさとうを入れます。全体の重さは何 kg になりますか。　　1 つ10〔20点〕

式

答え（　　　　）

5 工作セットを買うために，1 人 416 円ずつ集(あつ)めます。32 人から集めると，全部でいくらになりますか。　　1 つ10〔20点〕

式

答え（　　　　）

チェック✓
□ 何人に分けられるかをもとめたり，時間の計算をしたりできるかな？
□ 分数の計算や（3 けた）×（2 けた）の計算ができるかな？

勉強した日　　月　　日

まとめのテスト③

時間20分

とく点　　/100点

答え 16ページ

1 右の図のように，半径(はんけい) 15cm の円と半径 8cm の円をならべました。2 つの円のはしからはしまでは，何cm になりますか。　1つ8〔16点〕

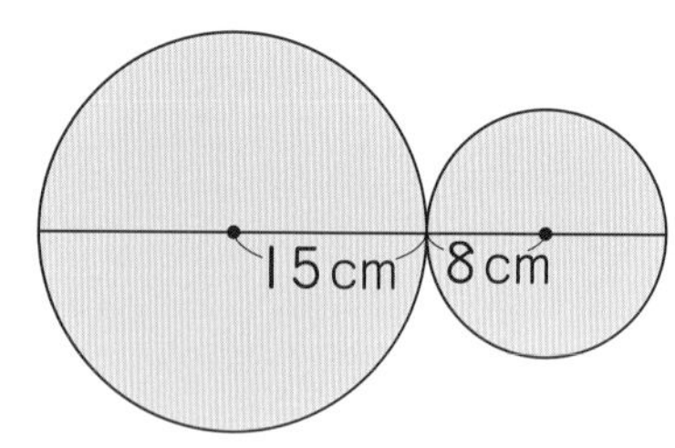

式

答え（　　　　　）

2 下の❶と❷の図形は，左の正三角形をいくつかならべてつくったものです。それぞれ何まい使(つか)っていますか。　1つ12〔24点〕

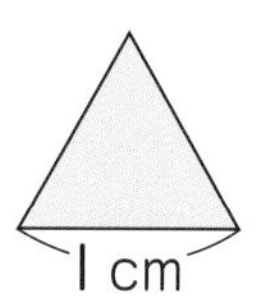

❶

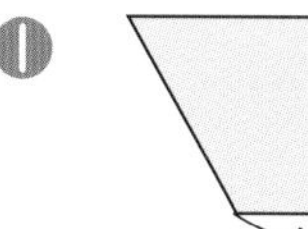

（　　　　　）

❷

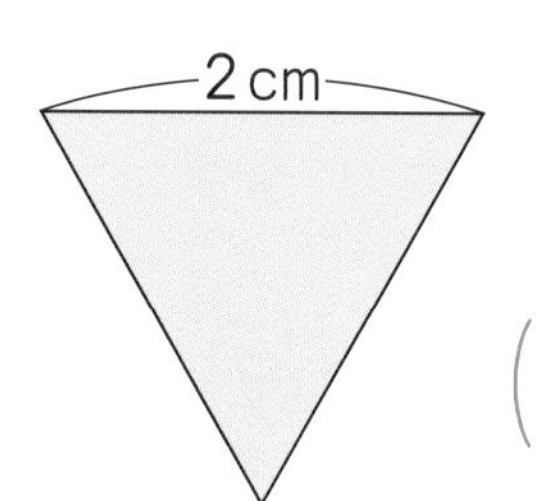

（　　　　　）

3 右のぼうグラフは，まさしさんのクラスで，すきなおかしを調(しら)べて表(あらわ)したものです。　1つ10〔40点〕

❶ たてのじくの 1 めもりは，何人を表していますか。　（　　　　　）

❷ すきな人がいちばん多いおかしは何で，何人いますか。　（　　　　　）

❸ チョコレートがすきな人は何人いますか。　（　　　　　）

❹ ポテトチップスがすきな人は，ガムがすきな人の何倍(ばい)いますか。　（　　　　　）

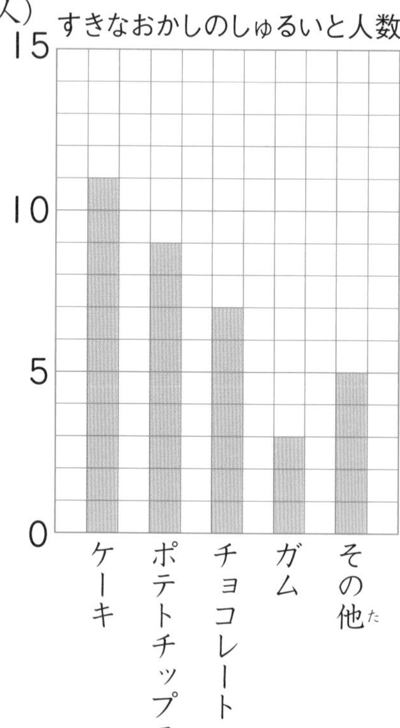

4 まるい形をした花だんのまわりに，くいが 3m ごとに，16 本立っています。この花だんのまわりの長さは何m ですか。　1つ10〔20点〕

式

答え（　　　　　）

□円や正三角形のせいしつがわかるかな？
□ぼうグラフを考えたり，間の数を考える問題(もんだい)がとけるかな？

教科書ワーク

答えとてびき

「答えとてびき」は，とりはずすことができます。

全教科書対応

文章題・図形 3年

使い方

まちがえた問題は，もういちどよく読んで，なぜまちがえたのかを考えましょう。正しい答えを知るだけでなく，なぜそうなるかを考えることが大切です。

1 かけ算のきまり

2ページ きほんのワーク

☆ 4，4　答え 4

❶ 4

❷ 8

❸ 6

てびき ❶ 4この○がならんだ列が1列へると考えればよいので，
4×7=28　4×6=24　28−24=4
より，4小さくなります。
❷ 4×4=16　4×6=24　24−16=8
❸ 3×6=18　3×4=12　18−12=6

3ページ きほんのワーク

☆ 0　答え 0

❶ 式 0×5=0　答え 0点

❷ 式 5×0=0　答え 0点

❸ 式 0×2=0　3×0=0　0+0=0　答え 0点

てびき ❶ 0点のところに何このおはじきが入ってもとく点にならないので，0点です。
❷ 入れば「5点」取れるところに，1こも入らなければ，「とく点にならない=0点」です。
❸ 0にどんな数をかけても，どんな数に0をかけても，答えは0です。また，0と0をたしても0です。

4ページ きほんのワーク

☆ 10，80　答え 80

❶ 式 10×7=70　答え 70円

❷ 式 30×4=120　答え 120円

❸ 式 100×6=600　答え 600円

❹ 式 500×8=4000　答え 4000円

てびき ❶❷ 10の何こ分の数になるかを考えます。
❸ 式は100×6だから，100をもとにすると，100の(1×6)こ分です。
❹ 式は500×8だから，100をもとにすると，100の(5×8)こ分です。

5ページ まとめのテスト

1 式 8×7=56　8×6=48　56−48=8
答え 8円

2 式 5×7=35　5×6=30　35−30=5
答え 5点

3 ❶ 式 3×2=6　2×0=0　1×3=3
0×5=0　6+0+3+0=9　答え 9点
❷ 式 3×3=9　2×3=6　1×0=0
0×4=0　9+6+0+0=15　答え 15点

4 式 10×9=90　答え 90こ

5 式 600×8=4800　答え 4800円

てびき **1** かける数が1へると，答えはかけられる数の8だけ小さくなります。
2 まちがえた問題数のちがいは7−6=1(題)だから，5×1=5(点)と考えることもできます。
3 それぞれの点数のところのとく点を1つずつ計算して，合計します。
4 10の9こ分の数になります。
5 100の(6×8)こ分の数になります。

2 時こくと時間

6ページ きほんのワーク

☆ 9，10　答え 9，10
❶ 25，20　午後 1 時 35 分
❷ 35，20　55 分
❸ 1 時間 15 分

てびき ❶ 2 時 20 分から 2 時までは 20 分なので，2 時から 25 分前の時こくです。
❷ 3 時 25 分から 4 時までは 35 分，4 時から 4 時 20 分までは 20 分だから，あわせて 55 分です。
❸

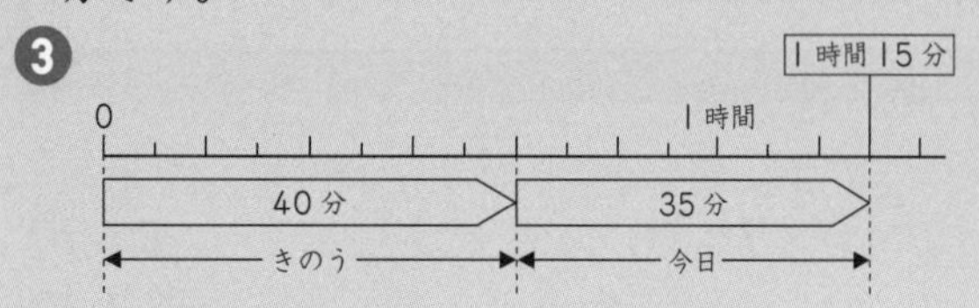

7ページ きほんのワーク

☆ 10　答え 10
❶ 40，15　55 秒
❷ 120　2 分
❸ 60，46　106 秒

てびき ❷ 120 秒は 60 秒の 2 つ分の長さの時間です。60 秒は 1 分だから，2 分です。
❸ 1 分は 60 秒だから，1 分 46 秒は，60 秒と 46 秒で，あわせて 106 秒になります。

8ページ まとめのテスト❶

1 午前 11 時 15 分　2 午後 2 時 25 分
3 1 時間 35 分　4 1 時間 10 分
5 1 分 12 秒

てびき 図で考えるとわかりやすくなります。

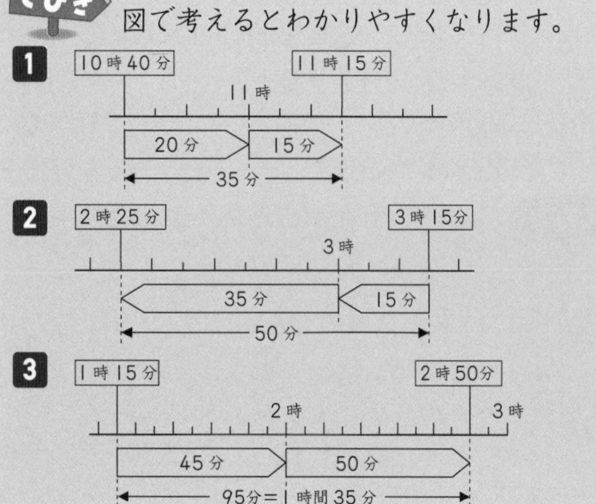

4

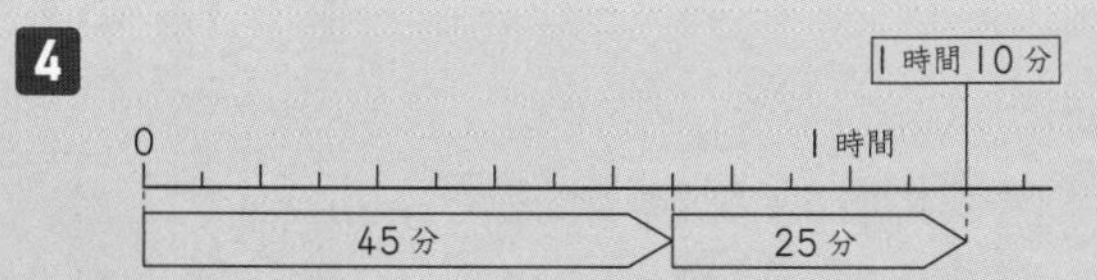

5 1 分＝60 秒で，72 秒は，60 秒と 12 秒だから，1 分 12 秒になります。

9ページ まとめのテスト❷

1 午後 1 時 10 分　2 午後 1 時 50 分
3 3 時間 30 分　4 2 時間 10 分
5 15 秒

てびき 図で考えるとわかりやすくなります。

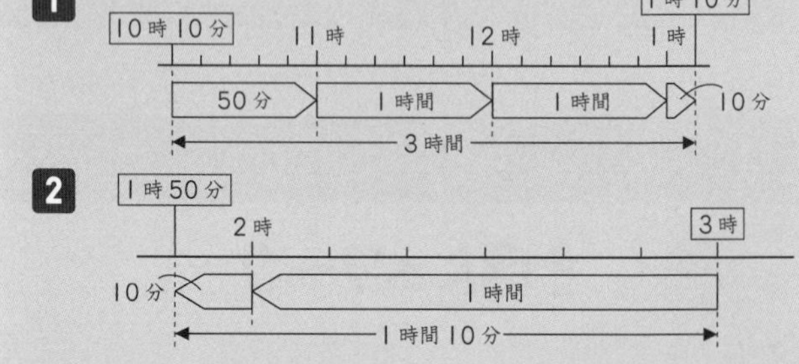

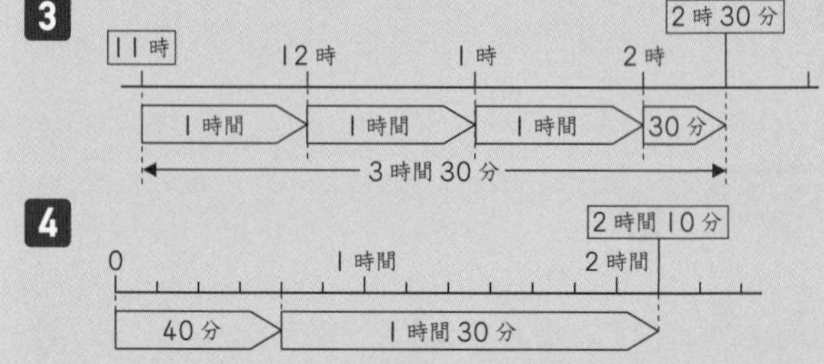

5 2 分 35 秒は，60 秒の 2 つ分と 35 秒だから，155 秒です。155−140＝15

3 たし算の筆算

10ページ きほんのワーク

☆ 114，352　答え 352
❶ 557，760
　式 557＋760＝1317　答え 1317 まい
❷ 式 1826＋643＝2469　答え 2469 箱
❸ 式 4208＋1397＝5605　答え 5605 人

てびき 大きい数のたし算の筆算は，位をそろえて書き，同じ位どうしを計算します。

❶
```
  557
+ 760
 1317
```
❷
```
  1826
+  643
  2469
```
❸
```
  4208
+ 1397
  5605
```

たし算では，くり上がった数をたすのをわすれないように注意しましょう。

11ページ きほんのワーク

☆ りんご，りんご，156，528　答え 528

❶ 423，887
式 423+887=1310　答え 1310 さつ

❷ 式 2715+602=3317　答え 3317 点

❸ 式 7595+1486=9081　答え 9081 まい

てびき どちらが多いのか考えます。

❶ 423+887=1310　❷ 2715+602=3317　❸ 7595+1486=9081

12ページ きほんのワーク

☆ 264，439　答え 439

❶ 498，573
式 498+573=1071　答え 1071 こ

❷ 式 692+3345=4037　答え 4037 まい

❸ 式 4502+1398=5900　答え 5900 円

てびき はじめの数は，たし算でもとめます。

❶ 498+573=1071　❷ 692+3345=4037　❸ 4502+1398=5900

13ページ きほんのワーク

☆ 113，409　答え 409

❶ 616，384
式 616+384=1000　答え 1000mL

❷ 式 1059+212=1271　答え 1271 点

❸ 式 1290+2945=4235　答え 4235 円

てびき 問題文を「ぎゃく」に読み取ります。

❷ 白組は赤組より 212 点多いことになります。

❸ くつは時計より 2945 円高くなります。

❶ 616+384=1000　❷ 1059+212=1271　❸ 1290+2945=4235

14ページ まとめのテスト❶

1 式 234+189=423　答え 423 題

2 式 876+552=1428　答え 1428 まい

3 式 609+497=1106　答え 1106 人

4 式 1493+356=1849　答え 1849 まい

5 式 3675+1048=4723　答え 4723 円

てびき 5「お姉さんのお金は，まいさんのお金よりも多い」とぎゃくを考えます。

1 234+189=423　2 876+552=1428　3 609+497=1106

4 1493+356=1849　5 3675+1048=4723

15ページ まとめのテスト❷

1 式 293+457=750　答え 750 点

2 式 720+593=1313　答え 1313 円

3 式 386+997=1383　答え 1383 さつ

4 式 5718+824=6542　答え 6542 人

5 式 7296+1805=9101　答え 9101 まい

てびき 4「今日はきのうより少ない」を，「きのうは今日より多い」とぎゃくを考えます。

5 ぎゃくを考えると，まちがえたはがきのまい数のほうが多くなります。

1 293+457=750　2 720+593=1313　3 386+997=1383

4 5718+824=6542　5 7296+1805=9101

4 ひき算の筆算

16ページ きほんのワーク

☆ 127，227　答え 227

❶ 256，189
式 256−189=67　答え 67 ページ

❷ 式 1520−674=846　答え 846 円

❸ 式 4305−1783=2522　答え 2522 人

てびき 計算は，筆算でします。

❶ 256−189=67　❷ 1520−674=846　❸ 4305−1783=2522

ひき算では，くり下がりに注意します。たし算を使って，答えのたしかめをしてみましょう。

17ページ きほんのワーク

☆ 273，146　答え 146

❶ 345，168
式 345−168=177　答え 177 円

❷ 式 1862−967=895　答え 895 人

❸ 式 7400−3625=3775　答え 3775 まい

てびき ちがいは，ひき算でもとめます。

❶ 345−168=177　❷ 1862−967=895　❸ 7400−3625=3775

18 ページ きほんのワーク

☆ 115, 128　答え 128

❶ 907, 358

式 907−358=549　答え 549 さつ

❷ 式 1472−813=659　答え 659 こ

❸ 式 3150−1282=1868　答え 1868 円

てびき 少ないほうの数は，ひき算でもとめます。

❶ $907-358=549$　❷ $1472-813=659$　❸ $3150-1282=1868$

19 ページ きほんのワーク

☆ 122, 192　答え 192

❶ 219, 504

式 504−219=285　答え 285 こ

❷ 式 1527−638=889　答え 889 こ

❸ 式 6082−1497=4585　答え 4585 人

てびき はじめの数は，全部の数からふえた数をひいてもとめます。

❶ $504-219=285$　❷ $1527-638=889$　❸ $6082-1497=4585$

20 ページ きほんのワーク

☆ 125, 78　答え 78

❶ 798, 926

式 926−798=128　答え 128 さつ

❷ 式 4000−1165=2835　答え 2835mL

❸ 式 5120−3245=1875　答え 1875 円

てびき ふえた数は，全部の数から，はじめの数をひいてもとめます。

❶ $926-798=128$　❷ $4000-1165=2835$　❸ $5120-3245=1875$

21 ページ きほんのワーク

☆ 251, 95　答え 95

❶ 248, 179

式 248−179=69　答え 69 こ

❷ 式 1240−429=811　答え 811 まい

❸ 式 8207−5678=2529　答え 2529 円

てびき 多いのはどちらか，よく考えましょう。

❶ $248-179=69$　❷ $1240-429=811$　❸ $8207-5678=2529$

22 ページ まとめのテスト❶

1 式 450−132=318　答え 318 本

2 式 602−298=304　答え 304 まい

3 式 848−297=551　答え 551 人

4 式 306−259=47　答え 47 台

5 式 5125−2437=2688　答え 2688 円

てびき 5 ぎゃくを考えると，「マフラーはセーターより 2437 円安い」ことになります。

1 $450-132=318$　2 $602-298=304$　3 $848-297=551$

4 $306-259=47$　5 $5125-2437=2688$

23 ページ まとめのテスト❷

1 式 537+214=751

1000−751=249　答え 249 まい

2 式 708−369=339　答え 牛が 339 頭多い。

3 式 1235−476=759　答え 759 人

4 式 8300−2485=5815　答え 5815 こ

5 式 3241−1865=1376　答え 1376 人

てびき 5 おりた人は，乗った人よりも 1865 人少ないことになります。

1 $537+214=751$　$1000-751=249$　2 $708-369=339$

3 $1235-476=759$　4 $8300-2485=5815$　5 $3241-1865=1376$

5 わり算

24 ページ きほんのワーク

☆ 4, 8, 12, 3　答え 3

❶ 式 18÷3=6　答え 6 本

❷ 式 24÷6=4　答え 4 まい

❸ 式 35÷7=5　答え 5 こ

❹ 式 12−3=9　9÷3=3　答え 3 こ

てびき 同じ数ずつ分けるときの 1 人分の数をもとめるので，わり算で計算します。

❶ 18÷3 の答えは，□×3=18 の□にあてはまる数なので，3 のだんの九九で考えます。

25ページ きほんのワーク

☆ 5　答え 5
❶ 式 30÷5=6　答え 6人
❷ 式 42÷6=7　答え 7人
❸ 式 56÷7=8　答え 8人
❹ 式 30+42=72　72÷9=8　答え 8人

てびき　1人に同じ数ずつ分けるときの人数をもとめるので，わり算で計算します。

26ページ きほんのワーク

☆ 0　答え 0
❶ ❶ 式 0÷6=0　答え 0こ
　❷ 式 6÷6=1　答え 1こ
❷ 式 7÷1=7　答え 7人
❸ 式 8÷1=8　答え 8人

たしかめよう!
❶ ❶ 0を，0でないどんな数でわっても，答えはいつも0になります。
　❷ わられる数とわる数が同じなので，答えは1になります。
❷❸ どんな数を1でわっても，答えはわられる数と同じになります。

27ページ きほんのワーク

☆ 5　答え 5
❶ 式 14÷7=2　答え 2倍
❷ 式 27÷9=3　答え 3倍
❸ 式 32÷8=4　答え 4倍
❹ 式 42÷7=6　答え 6倍

てびき　何倍かをもとめる計算は，わり算です。

❶

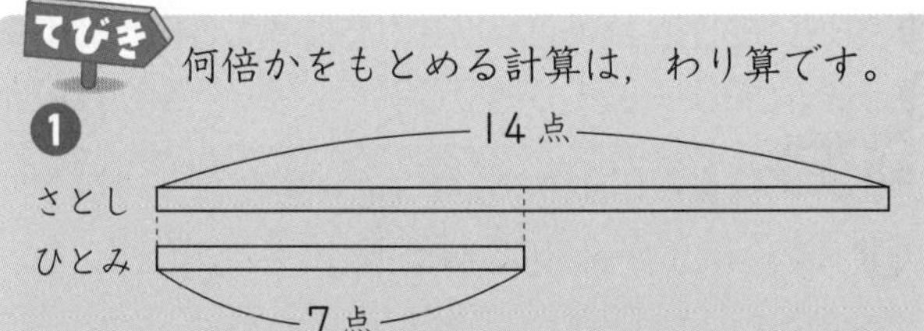

14÷7の答えは，7×□=14の□にあてはまる数なので，7のだんの九九で見つけます。

28ページ きほんのワーク

☆ 2，20　答え 20
❶ 式 90÷3=30　答え 30円
❷ 式 60÷2=30　答え 30まい
❸ 2，20，4，24　24本
❹ 式 69÷3=23　答え 23ふくろ

てびき　❶❷ 10をもとにして考えます。
❶ 9÷3=3　90÷3=30
❷ 6÷2=3　60÷2=30
❹ 69を60と9に分けて考えます。

69÷3 ＜ 60÷3=20，9÷3=3 ＞ あわせて23

29ページ まとめのテスト

1 式 63÷9=7　答え 7cm
2 式 72÷8=9　答え 9日
3 式 0÷5=0　答え 0こ
4 式 21÷7=3　答え 3倍
5 式 84÷4=21　答え 21はん

てびき　**3**「1こも入っていない」ということから，0こを5人で分けることになります。
5 84を80と4に分けて考えます。

84÷4 ＜ 80÷4=20，4÷4=1 ＞ あわせて21

6 表とグラフ

30ページ きほんのワーク

☆ 答え きぼうする係と人数

係	人数(人)
し育	8
ほけん	6
新聞	11
図書	7
合計	32

❶ 家族の人数調べ

家族のしゅるい	人数(人)
3人家族	9
4人家族	12
5人家族	5
その他	3
合計	29

❷

犬	正一
パンダ	正下
うさぎ	下
きりん	一
ぞう	一

すきな動物と人数

動物	人数(人)
犬	6
パンダ	9
うさぎ	4
その他	2
合計	21

てびき　❶❷ 合計もわすれずに書きましょう。数の少ないものは，まとめて「その他」とします。

31ページ きほんのワーク

☆ 55
答え 金，55

❶ 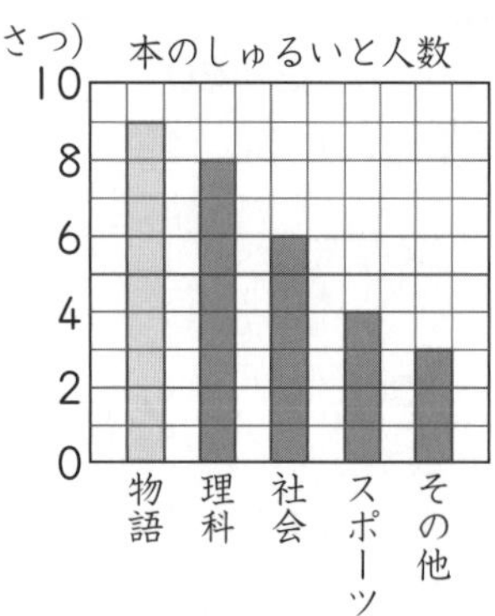

たしかめよう！

❶ ぼうグラフをかくときは，次のことに注意しましょう。
・数の多いじゅんにならべる。
・「その他」は数が多くても，さいごにかく。
・表題を書く。

32ページ きほんのワーク

☆ 答え　ほけん室に行った人の数調べ（人）

学年＼月	4月	5月	6月	合計
1年	28	19	26	73
2年	21	24	34	79
3年	32	26	23	81
合計	81	69	83	233

❶ 乗り物調べ（上り，下り）（台）

しゅるい＼向き	上り	下り	合計
乗用車	30	37	67
トラック	16	12	28
バス	7	4	11
その他	9	6	15
合計	62	59	121

てびき ❶ 1つの表にまとめたら，たての合計と横の合計が同じになっているか調べましょう。

33ページ まとめのテスト

1 ❶ 1人　❷ 5人
❸ 月曜日　❹ 38人

2 ❶ 3年生全体の人数
❷ 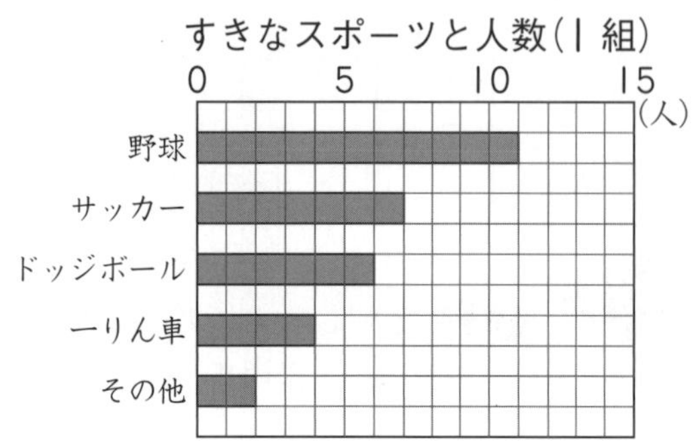

❸ 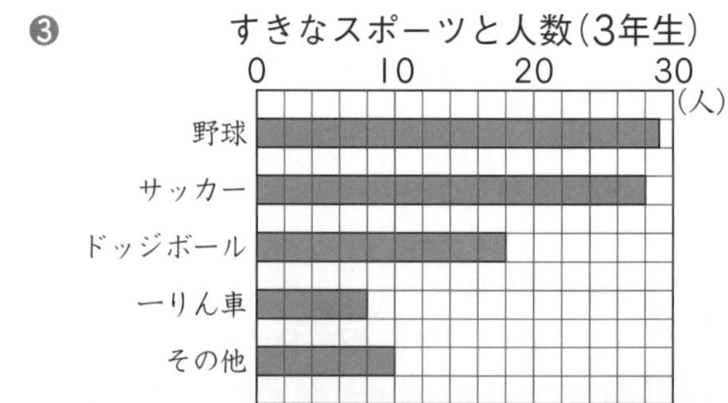

てびき **1** ❸ 木曜日に休んだ人数は12人なので，この半分の6人が休んだ曜日をさがします。
2 ❷❸ それぞれのグラフの1めもりが表す人数に気をつけましょう。その他は，さいごにかきます。

7 長さ

34ページ きほんのワーク

☆ 1200，1200，1，200　答え 1，200
❶ 式 500+900=1400　答え 1km400m
❷ 式 600−270=330　答え 330m
❸ 式 9+13=22　答え 22km
❹ 式 15−12=3　答え 3km

てびき 長さのたし算やひき算をするときは，同じたんいの長さどうしを計算します。
1m=100cm，1km=1000mです。

35ページ きほんのワーク

☆ 3000，2200，2200，800　答え 800
❶ 式 1800+300=2100　答え 2km100m
❷ 式 1700+1600=3300　答え 3km300m
❸ 式 4200−3500=700　答え 700m

てびき 1km=1000mです。
❶ 1km800m+300m=1km1100mと，同じたんいの長さどうしをたしてから，1100mを1km100mと考えて，2km100mとすることもできます。

36ページ きほんのワーク

☆ 答え 750
❶ 式 600+450=1050　答え 1050m
❷ ❶ 1500m
❷ 式 600+750=1350　答え 1350m
❸ 式 1200+900=2100　答え 2100m

たしかめよう!

きょりは，まっすぐにはかった長さで，**道のり**は，道にそってはかった長さです。

37ページ きほんのワーク

☆ 700，950，1650，1650　答え 1，650

❶ 式 2000－1400＝600　答え 600m

❷ ❶ 式 800＋2700＝3500　答え 3km500m

❷ 式 2700－800＝1900　答え 1km900m

てびき 道のりも，たし算やひき算を使って計算できます。たんいをそろえることが大切です。

38ページ まとめのテスト❶

1 30mのまきじゃく…㋐，㋒
30cmのものさし…㋑

2 式 732－245＝487　答え 487m

3 ❶ 1km850m
❷ 式 950＋1600＝2550　答え 2km550m

4 式 2400－1700＝700
答え 学校が700m近い。

39ページ まとめのテスト❷

1 式 36＋58＝94　答え 94km

2 式 1850＋750＝2600　答え 2km600m

3 式 3500－2900＝600　答え 600m

4 ❶ 式 500＋650＝1150
1150－850＝300　答え 300m
❷ 式 1150＋450＝1600
1600－700＝900　答え 900m

てびき たんいをそろえて計算します。
4 ❶ はじめに，家から公園の前を通って学校まで行くときの道のりをもとめます。
❷ はじめに，家からゆうびん局の前を通って学校まで行くときの道のりをもとめます。

8 あまりのあるわり算

40ページ きほんのワーク

☆ 17，5，3，2　答え 3，2　たしかめ 17

❶ 式 30÷4＝7あまり2
答え 7こになって，2こあまる。
たしかめ 4×7＋2＝30

❷ 式 45÷6＝7あまり3
答え 7箱できて，3こあまる。
たしかめ 6×7＋3＝45

てびき ❶30÷4の答えを見つけるときは，4のだんの九九を使います。

たしかめよう!

わり算のあまりは，わる数より小さくなります。

41ページ きほんのワーク

☆ 47，5，9，2，10　答え 10

❶ 式 60÷7＝8あまり4　8＋1＝9　答え 9日

❷ 式 28÷6＝4あまり4　4＋1＝5　答え 5そう

❸ 式 17÷3＝5あまり2　答え 5人

❹ 式 35÷4＝8あまり3　答え 8さつ

てびき ❶のこった4ページを読むために，もう1日ひつようです。
❷ のこりの4人が乗るために，船がもう1そうひつようです。
❸ えん筆を3本もらえる人を考えるので，配れる人は5人になります。
❹ あまった3cmのところには，あつさ4cmの本は入らないから，立てられる本は8さつになります。

42ページ まとめのテスト❶

1 式 25÷3＝8あまり1
答え 8皿できて，1こあまる。

2 式 39÷4＝9あまり3
答え 9人に分けられて，3まいあまる。

3 式 52÷9＝5あまり7
答え 5まいになって，7まいあまる。
たしかめ 9×5＋7＝52

4 式 32÷5＝6あまり2　答え 6箱

5 式 54÷8＝6あまり6　6＋1＝7　答え 7日

てびき 4 2こでは，5こ入りの箱はできないので，あまりの2こは考えなくてよいことになります。
5 のこりの6題をとくために，もう1日ひつようです。

43ページ まとめのテスト❷

1 式 42÷5＝8あまり2
答え 8たばできて，2本あまる。

2 式 52÷8＝6あまり4
答え 6箱できて，4こあまる。
たしかめ 8×6＋4＝52

3 式 38÷6＝6あまり2　6＋1＝7　答え 7まい

4 式 60÷7=8あまり4　答え 8本
5 式 53÷6=8あまり5　8+1=9　答え 9箱

てびき
3 のこり2このメダルを作るために、画用紙がもう1まいひつようです。
4 のこりの4cmは考えなくてよいので、答えは8本です。
5 8箱では、チョコレートが6×8=48(こ)しかないので、もう1箱ひつようです。

9 大きい数のしくみ

44ページ きほんのワーク

☆ 6, 7　答え 女
1 37590102
2 今月
3 6440000

てびき
1 37590102
37579628
2 146803
148035
3 数字で書くとそれぞれ、6270000、6440000となります。百万の位の数が同じだから、十万の位の数の大きさをくらべます。

たしかめよう!
2つの数が同じけた数の数のときは、大きい位の数からじゅんに大きさをくらべていきます。

45ページ きほんのワーク

☆ 13000　答え 13000
1 式 4500×10=45000　答え 45000円
2 式 24000×10=240000　答え 240000円
3 式 125×100=12500　答え 12500まい
4 式 3900×100=390000　答え 390000こ

たしかめよう!
数を10倍すると、位が1つずつ上がり、もとの数の右に0を1こつけた数になります。数を100倍すると、位が2つずつ上がり、もとの数の右に0を2こつけた数になります。

46ページ きほんのワーク

☆ 3000　答え 3000
1 式 750÷10=75　答え 75本
2 式 5000÷10=500　答え 500円
3 式 9800÷10=980　答え 980円
4 式 12000÷10=1200　答え 1200ふくろ

たしかめよう!
一の位が0の数を10でわると、位が1つずつ下がり、一の位の0をとった数になります。

47ページ まとめのテスト

1 今年
2 式 75000×10=750000　答え 750000こ
3 式 1050×100=105000　答え 105000本
4 式 8000÷10=800　答え 800まい
5 式 3700÷10=370　答え 370円

てびき
1 427990
429700
千の位の数で、大きさをくらべます。

10 かけ算の筆算 (1)

48ページ きほんのワーク

☆ 3　3, 6　答え 36
1 式 14×2=28　答え 28本
2 式 22×4=88　答え 88こ
3 式 31×3=93　答え 93円
4 式 43×2=86　答え 86回

```
  1 4
×   2
  2 8
```

てびき
計算を筆算でするときは、位をたてにそろえて書いて、一の位、十の位のじゅんに、九九を使って計算します。

```
2   2 2     3   3 1     4   4 3
  ×   4       ×   3       ×   2
    8 8         9 3         8 6
```

49ページ きほんのワーク

☆ 8　5, 3, 6　答え 536
1 式 16×9=144　答え 144こ
2 式 32×7=224　答え 224ページ
3 式 28×3=84　答え 84人
4 式 74×6=444　答え 444円

```
  1 6
×   9
1 4 4
```

てびき
計算を筆算でするときは、くり上がりに気をつけましょう。

```
2   3 2     3   2 8     4   7 4
  ×   7       ×   3       ×   6
  2 2 4         8 4       4 4 4
```

50ページ きほんのワーク

☆ 6　8, 1, 0　答え 810
1 式 213×3=639　答え 639m
2 式 129×7=903　答え 903こ
3 式 190×6=1140　答え 11m40cm
4 式 102×4=408　答え 408円

```
  2 1 3
×     3
  6 3 9
```

てびき ❸❹ 0にどんな数をかけても，答えは0になります。

❷ $\begin{array}{r}129\\ \times\ \ 7\\ \hline 903\end{array}$ ❸ $\begin{array}{r}190\\ \times\ \ 6\\ \hline 1140\end{array}$ ❹ $\begin{array}{r}102\\ \times\ \ 4\\ \hline 408\end{array}$

51ページ きほんのワーク

☆ 3，3，348 答え 348

❶ 式 850×2＝1700 答え 1700円

❷ 式 403×5＝2015 答え 2015まい

❸ 式 120×3＝360　360×2＝720 答え 720mL

たしかめよう!

●倍の大きさをもとめるときは，かけ算を使います。

52ページ きほんのワーク

☆ 210，420，6，420 答え 420

❶ 式 148×2×5＝1480 答え 1480円

❷ 式 32×9＝288　9×32＝288 答え 同じ

❸ 式 6×27＝162　27×6＝162 答え 同じ

てびき ❶ (■×●)×▲＝■×(●×▲)より，148×2×5は2×5を先に計算すると，計算しやすくなります。

❷❸ ■×●＝●×■より，答えは同じになることがわかります。

53ページ きほんのワーク

☆ 480，6，480，780，130，130，780 答え 780

❶ 式 70×8＝560　30×8＝240
560＋240＝800 答え 800こ

❷ 式 90×7＝630　60×7＝420
630－420＝210 答え 210円

❸ 式 35×4＝140　15×4＝60
140－60＝80 答え 80まい

てびき こ数などが同じ場合は，まとまりを考えてくふうして計算することができます。

❶ 赤いおはじきが入った箱と，青いおはじきが入った箱の数が同じだから，
70＋30＝100　100×8＝800

❷ 買うりんごの数とみかんの数が同じだから，
90－60＝30　30×7＝210

❸ シールが35まい入った箱と，15まい入った箱の数が同じだから，
35－15＝20　20×4＝80

54ページ まとめのテスト❶

1 式 24×6＝144 答え 144こ

2 式 173×5＝865 答え 8m65cm

3 式 192×4＝768 答え 768こ

4 式 50×7＝350　30×7＝210
350－210＝140 答え 140円

5 式 24×4×5＝480 答え 480まい

てびき 1～3 計算は筆算でします。

1 $\begin{array}{r}24\\ \times\ \ 6\\ \hline 144\end{array}$ 2 $\begin{array}{r}173\\ \times\ \ 5\\ \hline 865\end{array}$ 3 $\begin{array}{r}192\\ \times\ \ 4\\ \hline 768\end{array}$

4 買った数が同じだから，次のように計算することもできます。50－30＝20　20×7＝140

55ページ まとめのテスト❷

1 式 52×5＝260 答え 260円

2 式 325×7＝2275 答え 2275mL

3 式 20×9＝180　80×9＝720
180＋720＝900 答え 900まい

4 式 163×2×4＝1304 答え 1304円

5 式 29×8＝232　8×29＝232 答え 同じ

てびき 1 $\begin{array}{r}52\\ \times\ \ 5\\ \hline 260\end{array}$ 2 $\begin{array}{r}325\\ \times\ \ 7\\ \hline 2275\end{array}$

3 たばの数が同じだから，次のように計算することもできます。
20＋80＝100　100×9＝900

4 3つの数のかけ算では，どの2つの数のかけ算を先に計算しても答えは同じになります。ここでは2×4を先に計算するとよいでしょう。

11 円と球

56ページ きほんのワーク

☆ 10，20，40 答え 10，20，40

❶ ㋑

❷ 式 4÷2＝2 答え 2cm

てびき ❶

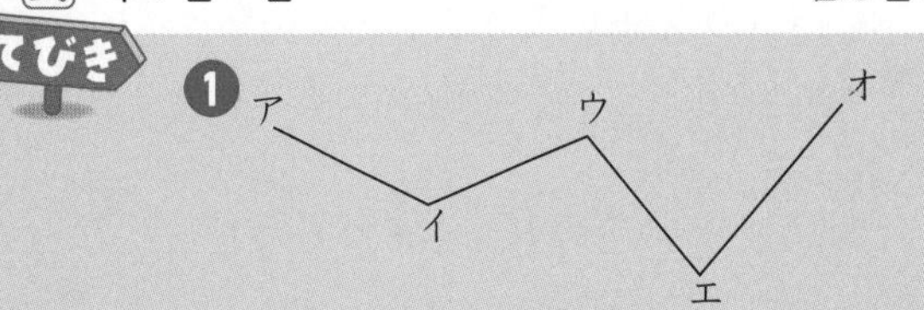

㋐をアイ，イウ，ウエ，エオの4つに分けて，それぞれの直線の長さをじゅんにコンパスで，うつしとっていきます。㋑も同じようにして，長さをくらべます。

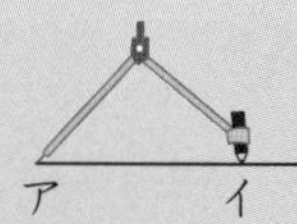

❷ 円の直径は，正方形の１つの辺の長さと同じ長さだから，4cm です。

57ページ きほんのワーク

☆ 2，12，12，6，6　答え 6

❶ 式 6×3=18　答え 18cm

❷ 式 40÷5=8　8÷2=4　答え 4cm

❸ 式 5×2=10　10×2=20　10×3=30

答え たて…20cm　横…30cm

てびき ❶ つつの長さは，ボールの直径３こ分の長さと同じになります。

❷ 上から見ると，下の図のようになり，ボールの直径５こ分の長さが 40cm になります。半径の長さは直径の半分です。

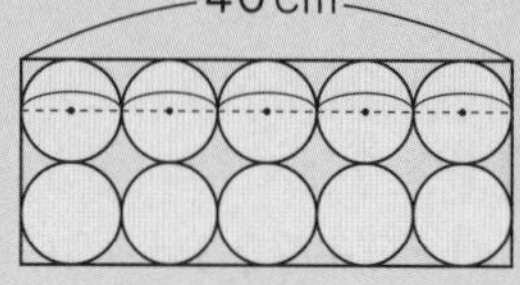

❸ 上から見ると，右の図のようになり，箱のたての長さはボールの直径の２こ分，横の長さはボールの直径の３こ分の長さと同じになります。

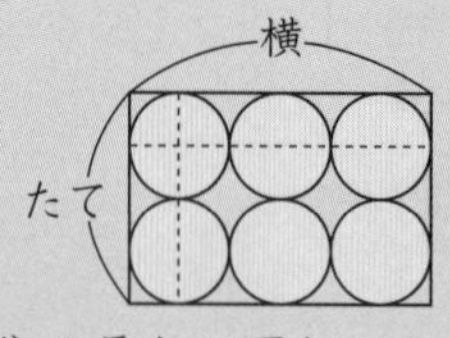

58ページ まとめのテスト❶

1 ❶ アウの直線
❷ 10cm

2 あ…20cm　い…40cm

3 式 8÷4=2　12÷4=3　2×3=6

答え 6 こ

4 式 8×2=16　16×2=32

答え たて…16cm　横…32cm

てびき **1** ❶ いちばん長い直線は，中心を通っているアウの直線で，円の直径です。

❷ 半径の２倍の長さです。

2 あは，真ん中の円の直径と同じ長さなので，20cm です。

いは，２つの円の直径をあわせた長さなので，40cm です。

3 上から見ると，右のようになり，たてに 8÷4=2(こ)，横に 12÷4=3(こ)のボールが入るので，全部で 2×3=6(こ)入ります。

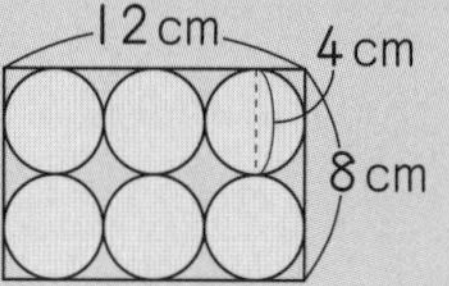

4 上から見ると，右のようになり，たての長さは球の直径と同じ長さになります。また，横の長さは，ボールの直径２こ分の長さと考えます。

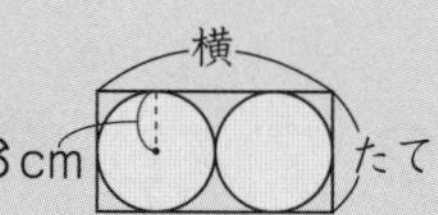

59ページ まとめのテスト❷

1

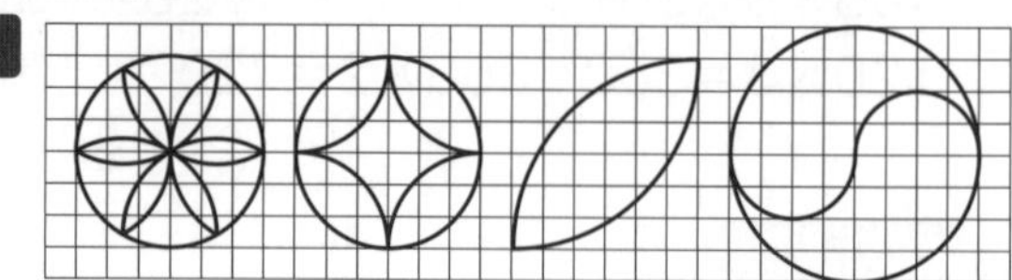

2 式 3×2=6　36÷6=6　54÷6=9
6×9=54　答え 54 こ

3 ❶ 式 14÷2=7　答え 7cm

❷ 式 7×4=28　答え 28cm

てびき **1**〔1 番目の図〕半径 1cm5mm の円をかき，コンパスを 1cm5mm に開いたまま，円のまわりの１点を中心にして，円をかくことを，じゅんに６回くり返します。

〔2 番目の図〕半径 1cm5mm の円をかき，この円がぴったり入る正方形の４つのちょう点を中心にして，半径 1cm5mm の円をそれぞれかいていきます。

〔3 番目の図〕1 つの辺の長さが 3cm の正方形の左上と右下のちょう点を中心にして，半径 3cm の円をそれぞれかきます。

〔4 番目の図〕半径 2cm の円をかき，その中に半径 1cm の半円(円の半分)を２つかきます。

2 直径 6cm の円が，たてと横にそれぞれ何こずつかけるかを考えます。

たてに 36÷6=6(こ)，
横に 54÷6=9(こ)かけるので，
全部で 6×9=54(こ)かけます。

3 上から見ると，右のようになり，ボールの直径２こ分の長さが 14cm になるので，直径の長さは，14÷2=7(cm)です。

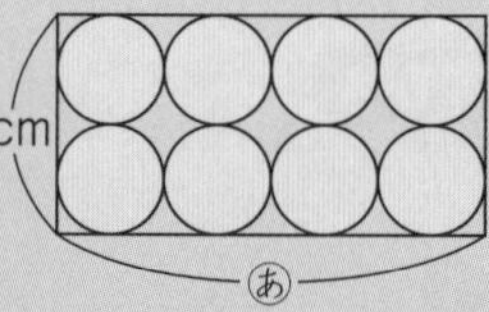

あの長さは，ボールの直径４こ分の長さになるので，7×4=28(cm)です。

12 小 数

60ページ きほんのワーク

☆ 0.9　答え 0.9

❶ 式 0.7+0.5=1.2　答え 1.2 L

❷ 式 2.6+1.3=3.9　答え 3.9 m

❸ 式 3.7+4.3=8　答え 8 L

$$\begin{array}{r} 2.6 \\ +\ 1.3 \\ \hline 3.9 \end{array}$$

てびき ❶ 0.7L は 0.1L の 7 こ分，0.5L は 0.1L の 5 こ分だから，あわせて，0.1L の(7+5=)12 こ分になります。

❷ 筆算を使うときは，位をそろえて書き，整数のたし算と同じように計算して，上の小数点にそろえて，答えの小数点をうちます。

❸ 筆算は，右のようになります。小数第一位が 0 になったときは，0 を消します。

$$\begin{array}{r} 3.7 \\ +\ 4.3 \\ \hline 8.\not{0} \end{array}$$

61ページ きほんのワーク

☆ 0.7　答え 0.7

❶ 式 1.7−0.8=0.9　答え 0.9 L

❷ 式 5.4−3.2=2.2　答え 2.2 cm

❸ 式 6.2−3.9=2.3　答え 2.3 km

$$\begin{array}{r} 5.4 \\ -\ 3.2 \\ \hline 2.2 \end{array}$$

てびき ❶ 1.7L は 0.1L の 17 こ分，0.8L は 0.1L の 8 こ分だから，ちがいは，0.1L の(17−8=)9 こ分になります。

❸ 筆算は，右のようになります。

$$\begin{array}{r} 6.2 \\ -\ 3.9 \\ \hline 2.3 \end{array}$$

62ページ まとめのテスト❶

1 式 3.5−2.3=1.2　答え 1.2 L

2 式 8.6+9.7=18.3　答え 18.3 cm

3 ❶ 式 2.3+1.7=4　答え 4 L

❷ 式 2.3−1.7=0.6　答え 0.6 L

4 式 2−0.4=1.6　答え 1.6 m

てびき 3 ❶ 筆算は，右のようになります。小数第一位が 0 になったときは，0 を消します。

$$\begin{array}{r} 2.3 \\ +\ 1.7 \\ \hline 4.\not{0} \end{array}$$

4 40cm を 0.4m と表して，たんいを m にそろえて計算します。

63ページ まとめのテスト❷

1 ❶ 式 7.6+9.2=16.8　答え 16.8 cm

❷ 式 9.2−7.6=1.6

答え 赤いテープが 1.6 cm 長い。

2 式 125.5+110.3=235.8　答え 235.8 L

3 式 3−2.3=0.7　答え 0.7 cm

4 式 2.2−0.3=1.9　答え 1.9 L

てびき 3 23mm は 2.3cm と表して，たんいを cm にそろえて計算します。筆算では，3 を 3.0 と考えて，計算します。なお，たんいを mm にそろえて計算してから，答えを cm になおすこともできます。

$$\begin{array}{r} 3 \\ -\ 2.3 \\ \hline 0.7 \end{array}$$

3cm=30mm　30−23=7

7mm=0.7cm

4 3dL は 0.3L と表して，たんいを L にそろえて計算します。なお，たんいを dL にそろえて計算してから，答えを L になおすこともできます。

13 分 数

64ページ きほんのワーク

☆ 1，3，4，5　答え $\frac{4}{5}$

❶ 式 $\frac{3}{6}+\frac{2}{6}=\frac{5}{6}$　答え $\frac{5}{6}$ L

❷ 式 $\frac{2}{9}+\frac{4}{9}=\frac{6}{9}$　答え $\frac{6}{9}$ L

❸ 式 $\frac{4}{7}+\frac{3}{7}=1$　答え 1 m

てびき ❶ $\frac{1}{6}$ L の何こ分か考えます。

❷ $\frac{1}{9}$ L の何こ分か考えます。

❸ $\frac{1}{7}$ m の 7 こ分は，$\frac{7}{7}$ m で，1 m と同じ長さをさします。

65ページ きほんのワーク

☆ 5，2，3，6　答え $\frac{3}{6}$

❶ 式 $\frac{6}{7}-\frac{4}{7}=\frac{2}{7}$　答え $\frac{2}{7}$ m

❷ 式 $\frac{7}{8}-\frac{4}{8}=\frac{3}{8}$　答え $\frac{3}{8}$ L

❸ 式 $1-\frac{3}{9}=\frac{6}{9}$　答え $\frac{6}{9}$ L

てびき ❶ $\frac{1}{7}$ m の何こ分か考えます。

❷ $\frac{1}{8}$ L の何こ分か考えます。

❸ 1 L は，$\frac{9}{9}$ L として計算します。

66ページ まとめのテスト❶

1 式 $\frac{2}{6}+\frac{3}{6}=\frac{5}{6}$ 答え $\frac{5}{6}$L

2 式 $\frac{4}{5}+\frac{1}{5}=1$ 答え 1m

3 式 $\frac{8}{9}-\frac{4}{9}=\frac{4}{9}$ 答え $\frac{4}{9}$L

4 ❶ 式 $\frac{3}{8}+\frac{2}{8}=\frac{5}{8}$ 答え $\frac{5}{8}$m

❷ 式 $\frac{7}{8}-\frac{5}{8}=\frac{2}{8}$ 答え $\frac{2}{8}$m

てびき **2** $\frac{4}{5}+\frac{1}{5}=\frac{5}{5}=1$ になります。

67ページ まとめのテスト❷

1 式 $\frac{3}{7}+\frac{2}{7}=\frac{5}{7}$ 答え $\frac{5}{7}$km

2 式 $\frac{4}{8}-\frac{3}{8}=\frac{1}{8}$ 答え $\frac{1}{8}$L

3 式 $\frac{4}{6}+\frac{2}{6}=1$ 答え 1m

4 式 $1-\frac{2}{9}=\frac{7}{9}$ 答え $\frac{7}{9}$m

5 式 $\frac{3}{10}+\frac{3}{10}=\frac{6}{10}$ $\frac{7}{10}-\frac{6}{10}=\frac{1}{10}$

答え $\frac{1}{10}$L

てびき **4** あきこさんのリボンのほうが $\frac{2}{9}$m 短く，$1-\frac{2}{9}=\frac{9}{9}-\frac{2}{9}=\frac{7}{9}$(m)です。

5 はじめに，小さいびん 2 本分の水のかさをもとめます。

14 重さ

68ページ きほんのワーク

☆ 400，1 答え 400，1

❶ ❶ 870g ❷ 2kg65g

❷ 3420g

❸ 2kg800g

❹ 5t

てびき ❷ 1kg=1000g だから 3kg420g は，3000g と 420g で 3420g です。

❸ 280×10=2800 より，2800g です。

❹ 1000kg は 1t です。

69ページ きほんのワーク

☆ 200 答え 1，200

❶ 700g

❷ ❶ 100g，1kg300g ❷ 100g，3kg400g

❸ 100g，7kg500g ❹ 100g，3kg300g

てびき ❶❷はじめに，いちばん小さい 1 めもりが何 g を表しているか調べます。

70ページ きほんのワーク

☆ 780 答え 1，780

❶ 式 1kg125g+3kg475g=4kg600g

答え 4kg600g

❷ 式 150g+970g=1120g 答え 1kg120g

❸ 式 750g+280g=1030g 答え 1kg30g

てびき kg と kg や，g と g というように，同じたんいの重さどうしを計算します。

❶ g にそろえて，計算することもできます。

1125g+3475g=4600g

71ページ きほんのワーク

☆ 2000，1，640，360，1，640

答え 1，640

❶ 式 920g−75g=845g 答え 845g

❷ 式 5kg−1kg350g=3kg650g

答え 3kg650g

❸ 式 30kg200g−28kg500g=1kg700g

答え 1kg700g

てびき ❷ 5kg−1kg350g
=5000g−1350g=3650g
5kg−1kg350g
=4kg1000g−1kg350g=3kg650g

❸ 30kg200g−28kg500g
=30200g−28500g=1700g
30kg200g−28kg500g
=29kg1200g−28kg500g=1kg700g

72ページ まとめのテスト❶

1 2kg739g

2 式 1240g−350g=890g 答え 890g

3 式 1kg40g−250g=790g 答え 790g

4 ❶ 式 1kg875g+2kg420g=4kg295g

答え 4kg295g

❷ 式 2kg420g−1kg875g=545g

答え 虫の図かんが 545g 重い。

てびき gのたんいにそろえて，計算できます。

4 ❶ 1875g+2420g=4295g
❷ 2420g−1875g=545g

73ページ まとめのテスト❷

1 ❶ 300g
❷ 式 1kg200g−300g=900g 答え 900g
2 式 29kg+42kg=71kg 答え 71kg
3 ❶ 式 2kg−1kg350g=650g 答え 650g
❷ 式 1kg350g−650g=700g
答え ランドセルが700g重い。
4 式 900kg×10=9000kg 答え 9t

てびき **3**❶ gのたんいにそろえて計算できます。2000g−1350g=650g

15 かけ算の筆算（2）

74ページ きほんのワーク

☆ 2720 2，7，2 答え 2720

36
×60
2160

❶ 式 36×60=2160 答え 2160本
❷ 式 89×30=2670 答え 2670円
❸ 式 48×90=4320 答え 4320まい

てびき 筆算では，0をかける計算の部分をはぶくことができます。

❷ 89 ×30 = 2670
❸ 48 ×90 = 4320

75ページ きほんのワーク

☆ 1872 4，3，2，1，4，4，1，8，7，2
答え 1872

42
×68
336
252
2856

❶ 式 42×68=2856 答え 2856こ
❷ 式 35×87=3045
答え 3045まい
❸ 式 94×53=4982 答え 4982円

てびき 筆算は，同じ位の数字がたてにそろうように書いて，これまでと同じように，一の位からじゅんに計算します。

❷ 35 ×87 → 245, 280 → 3045
❸ 94 ×53 → 282, 470 → 4982

76ページ きほんのワーク

☆ 1884 3，1，4，1，5，7，1，8，8，4 答え 1884

215
× 37
1505
645
7955

❶ 式 215×37=7955
答え 7955まい
❷ 式 145×29=4205 答え 42m5cm
❸ 式 679×18=12222 答え 12222円

てびき
❷ 145 × 29 → 1305, 290 → 4205
❸ 679 × 18 → 5432, 679 → 12222

77ページ きほんのワーク

☆ 75，7875 5，2，5，7，3，5，7，8，7，5
答え 7875

804
× 73
2412
5628
58692

❶ 式 804×73=58692
答え 58692こ
❷ 式 640×24=15360
答え 15360こ
❸ 式 50×134=6700 答え 6700まい

てびき 0がふくまれる数のかけ算は，0に注意して計算しましょう。❸は，かける数とかけられる数を入れかえると，計算がかんたんになります。

❷ 640 × 24 → 2560, 1280 → 15360
❸ 134 × 50 → 6700

78ページ まとめのテスト❶

1 式 12×90=1080 答え 1080こ
2 式 36×29=1044 答え 1044まい
3 式 739×40=29560 答え 29560円
4 式 105×54=5670 答え 5670こ
5 式 800×63=50400 答え 50400まい

てびき 何十の数をかけるとき，筆算では，0をかける計算の部分をはぶくことができます。

1 12 ×90 → 1080
2 36 ×29 → 324, 72 → 1044
3 739 × 40 → 29560
4 105 × 54 → 420, 525 → 5670
5 かける数とかけられる数を入れかえて筆算をします。
63 ×800 → 50400

79ページ まとめのテスト❷

1 式 48×12=576 答え 576 本
2 式 62×80=4960 答え 4960 こ
3 式 543×57=30951 答え 30951 円
4 式 472×90=42480 答え 42480 円
5 式 50×206=10300 答え 10300 円

てびき 計算は筆算でします。

1
```
   48
 ×12
   96
  48
  576
```
2
```
   62
 ×80
 4960
```
3
```
   543
 ×  57
  3801
 2715
 30951
```
4
```
   472
 ×  90
 42480
```
5 50×206 は，206×50 にして計算します。
```
   206
 ×  50
 10300
```

16 計算のまとめ

80ページ まとめのテスト①

1 式 12×3=36 36+7=43 答え 43 まい
2 式 54÷6=9 9−5=4 答え 4 こ
3 式 80×7=560 60×3=180
560+180=740 答え 740 円
4 式 15×9=135 200−135=65
答え 65cm
5 式 180−20=160 160×6=960
答え 960 円

てびき 1 はじめに，みおさんが持っている色紙のまい数をもとめます。
2 はじめに，1 人分のチョコレートの数をもとめます。
4 はじめに，切り取ったテープ全体の長さをもとめます。
5 はじめに，20 円安くなったパン 1 このねだんをもとめます。

81ページ まとめのテスト②

1 式 62×14=868 1000−868=132
答え 132mm
2 式 23×6=138 18×9=162
162−138=24 答え 24 こ
3 式 69÷3=23 80÷4=20
23+20=43 答え 43 たば
4 式 230×3=690 850−690=160
答え 160 円
5 式 14×10=140 140+7=147
答え 147 まい

てびき 1 はじめに，62mm のテープ 14 本分の長さをもとめます。1m=1000mm を使って，たんいをそろえてから，ひき算をします。

17 三角形

82ページ きほんのワーク

☆ 答え 二等辺三角形…㋒　正三角形…㋑
❶ 二等辺三角形…㋐，㋑，㋖
正三角形…㋒，㋔
❷ ❶ 二等辺三角形　❷ 正三角形
❸ 二等辺三角形
❸ ❶ 二等辺三角形　❷ 正三角形

てびき ❶ コンパスを使って，辺の長さを調べます。二等辺三角形は 2 つの辺の長さが等しく，正三角形は 3 つの辺の長さがどれも等しくなっています。
❸❶ 2 つの辺の長さが等しいので，二等辺三角形です。
❷ 3 つの辺の長さがどれも等しいので，正三角形です。

83ページ きほんのワーク

☆ 答え

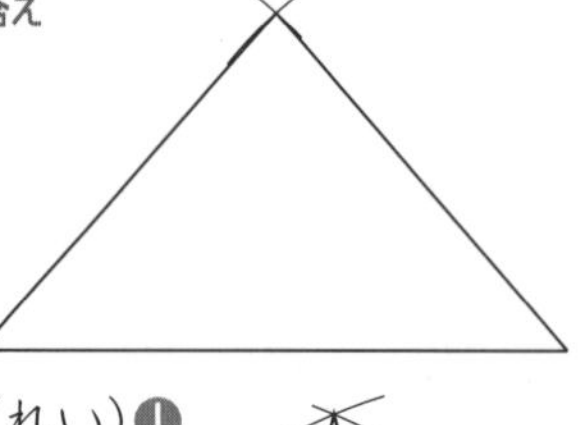

❶ (れい)❶

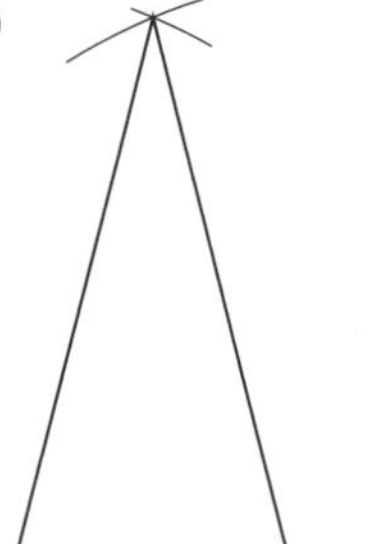

❷

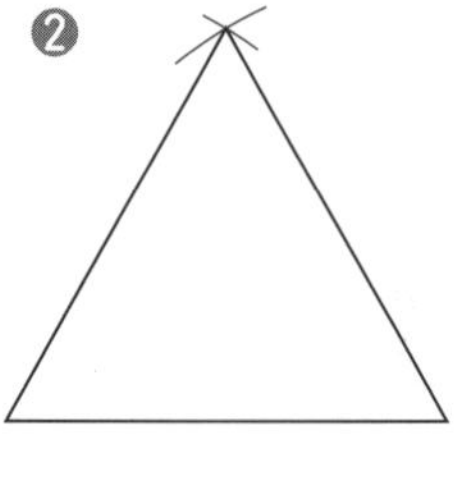

❸

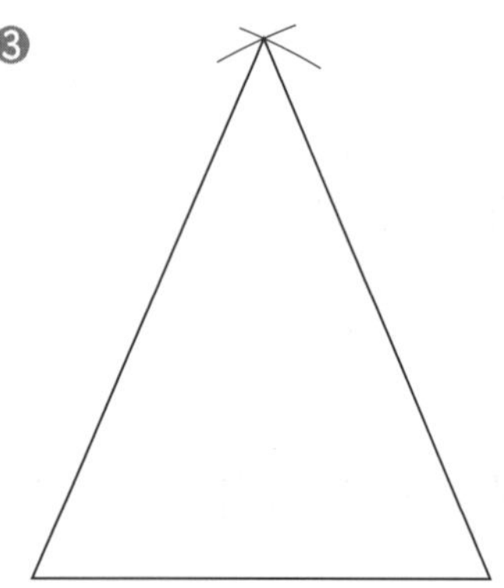

❷（れい）

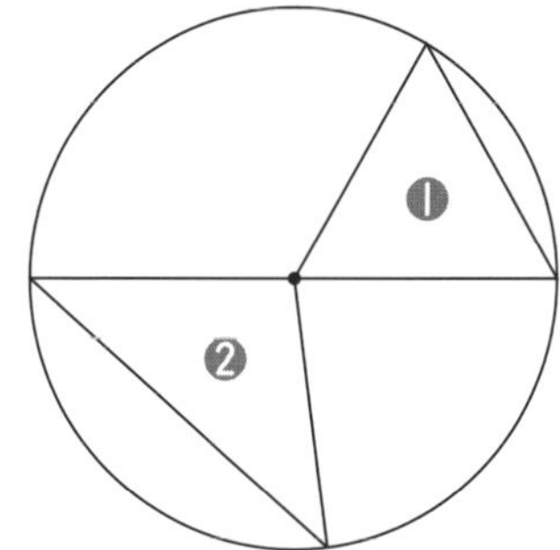

てびき ❶ ❶ はじめに 2cm の辺をかき，コンパスを 4cm の長さに開き，2cm の辺の両はしの点から 4cm のところにある点を見つけます。
❷ 円の半径 2cm を使って，三角形をかきます。

84ページ きほんのワーク

☆ 答え いちばん大きい角…Ⓘ
　　いちばん小さい角…Ⓐ

❶ Ⓘ，Ⓐ，Ⓤ，Ⓔ
❷ ❶ 二等辺三角形 または 直角三角形
　❷ 正三角形　❸ 二等辺三角形

たしかめよう!
❶ 角の大きさは辺の長さに関係なく，2 つの辺の開きぐあいだけで決まります。
❷ 二等辺三角形では，2 つの角の大きさが等しくなっています。正三角形では，3 つの角の大きさがすべて等しくなっています。

85ページ まとめのテスト

1 あ○ い× う△ え× お○ か△
2 え，い，う，あ
3 ❶ 二等辺三角形　❷ うの角とえの角
4 正三角形…6 こ　二等辺三角形…2 こ

てびき 3 ❶ 2 つの辺の長さが等しい二等辺三角形ができます。
4 正三角形

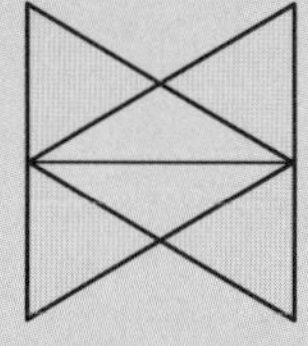
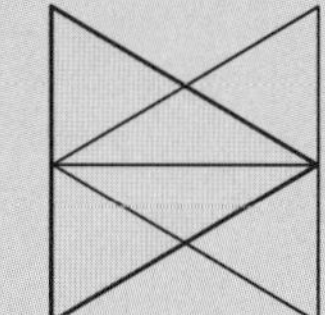
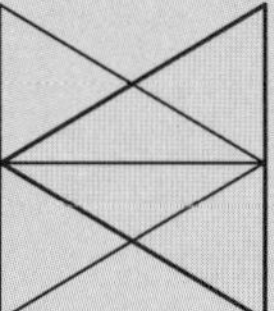

二等辺三角形

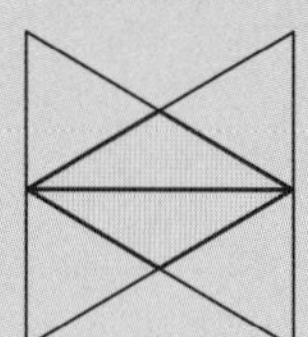

18 式の表し方

86ページ きほんのワーク

☆ 54，18　答え 18

❶ ❶ 式 28＋□＝42　答え 14
　❷ 式 □＋4＝19　答え 15
　❸ 式 □＋8＝32　答え 24

てびき ❶ □にあてはまる数は，□にいろいろな数をあてはめて見つけるか，図をかいて考えます。
❶ □＝42－28　□＝14
❷ □＝19－4　□＝15
❸ □＝32－8　□＝24

87ページ きほんのワーク

☆ 27，36　答え 36

❶ ❶ 式 □－11＝16　答え 27
　❷ 式 800－□＝560　答え 240
　❸ 式 450－□＝130　答え 320

てびき ❶ ❶ □＝11＋16　□＝27
❷ □＝800－560　□＝240
❸ □＝450－130　□＝320

88ページ きほんのワーク

☆ 56，7　答え 7

❶ ❶ 式 □×6＝24　答え 4
　❷ 式 9×□＝63　答え 7
　❸ 式 5×□＝40　答え 8

てびき ❶ わからない数を□として，かけ算の式に表します。□にあてはまる数は，九九を使って，わり算でもとめることができます。
❶ □＝24÷6　□＝4
❷ □＝63÷9　□＝7
❸ □＝40÷5　□＝8

89ページ きほんのワーク

☆ 7，21　答え 21

❶ ❶ 式 □÷8＝6　答え 48
　❷ 式 27÷□＝3　答え 9
　❸ 式 28÷□＝4　答え 7

てびき ❶ わり算の式に表します。□にあてはまる数は，意味を考えてかけ算やわり算を使ってもとめます。

❶ □=8×6　□=48
❷ □=27÷3　□=9
❸ □=28÷4　□=7

90ページ　まとめのテスト❶

1 ❶ 式 140+□=800　答え 660
❷ 式 □+9=25　答え 16
❸ 式 □−18=37　答え 55
❹ 式 □×4=48　答え 12
❺ 式 □÷4=9　答え 36

91ページ　まとめのテスト❷

1 ❶ 式 □+15=32　答え 17
❷ 式 77−□=53　答え 24
❸ 式 6×□=54　答え 9
❹ 式 □×3=27　答え 9
❺ 式 42÷□=7　答え 6

19 いろいろな問題

92ページ　きほんのワーク

☆ 1, 9, 9, 63　答え 63
❶ ❶ 8
❷ 式 4×8=32　答え 32m
❷ ❶ 式 45÷5=9　答え 9
❷ 式 9+1=10　答え 10本
❸ 式 54÷6=9　答え 9本

てびき　❶ まるい形をしているときは，くいの数と間の数は等しくなります。
❷❷ 木の数は間の数より1多くなります。

93ページ　きほんのワーク

☆ 30, 2, 28　答え 28
❶ 式 70×3=210　3×2=6　210−6=204
答え 204cm
❷ 式 85+42=127　127−120=7
答え 7cm
❸ 式 100×2=200　200−22=178
答え 178cm

てびき　❶ はじめに，3本のテープの長さの合計をもとめます。つなぎめは2つできるので，3×2=6より，6cm短くなります。
❷ 2まいの紙の横の長さの合計と，つないだあとの紙の横の長さのちがいが，つなぎめの長さになります。

3年のまとめ

94ページ　まとめのテスト❶

1 式 8×0=0　答え 0点
2 式 600+1700=2300　答え 2km300m
3 式 2600+1500=4100
5000−4100=900　答え 900mL
4 式 26÷4=6あまり2　6+1=7　答え 7回
5 式 850−250=600　600÷10=60
答え 60g

てびき　**2** たんいをmにそろえて計算します。
4 運ぶのが6回だけでは2このこってしまうので，この2こを運ぶためにもう1回運ぶひつようがあります。
5 600gがおかし10こ分の重さになります。

95ページ　まとめのテスト❷

1 式 35÷5=7　答え 7人
2 式 74−17=57　答え 57秒
3 式 $\frac{8}{9}-\frac{2}{9}=\frac{6}{9}$　答え $\frac{6}{9}$L
4 式 0.8+1.4=2.2　答え 2.2kg
5 式 416×32=13312　答え 13312円

てびき　**2** 1分=60秒なので，1分14秒は60秒と14秒で74秒です。

96ページ　まとめのテスト❸

1 式 15×2=30　8×2=16　30+16=46
答え 46cm
2 ❶ 2まい　❷ 4まい
3 ❶ 1人　❷ ケーキ，11人
❸ 7人　❹ 3倍
4 式 3×16=48　答え 48m

てびき　**1** 右の図のようになるので，2つの円のはしからはしまでの長さは，30+16=46より，46cmになります。

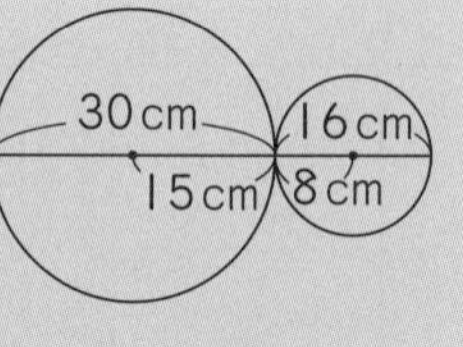

2 ❶
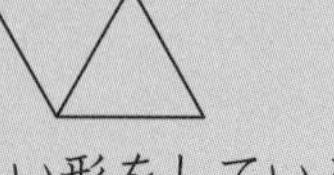
❷

4 まるい形をしているときは，くいの数と間の数は等しくなるので，まわりの長さは3×16=48より，48mになります。

3 2 1 0 9 8 7 6 5 4
＊ ＊ D C B A